人民交通出版社“十二五”
高职高专土建类专业规划教材

建筑工程施工图实例图集

主　编　蒋晓燕
副主编　王艳红　吴　垚
主　审　赵　乔

内容提要

本图集是浙江省"十一五"重点教材建设项目成果之一，可作为"建筑工程计量与计价"、"建筑识图与构造"、"建筑力学与结构"、"建筑施工技术"、"建筑施工组织"、"建设法规与工程招投标"等课程的辅助教材，也可供建筑施工技术人员学习参考。本图集包括三个建筑工程施工图实例工程：一是某私人别墅实例工程，二是某厂房实例工程，三是某公司职工宿舍楼实例工程。三套图纸作为三个项目，在"建筑工程计量与计价"等课程教学中，以三个实际项目为导向，引入任务，由浅入深，循序渐进，编制实训方案，围绕共同的建筑工程项目开展实训，以达到技能培养的目的。

本书可供高职高专院校土建类专业作为教材使用，也可供相关工程技术人员参考。

图书在版编目(CIP)数据

建筑工程施工图实例图集/蒋晓燕主编．—北京：人民交通出版社，2010.8

ISBN 978-7-114-08462-1

Ⅰ.①建… Ⅱ.①蒋… Ⅲ.①建筑工程—工程施工—图集 Ⅳ.①TU74-64

中国版本图书馆CIP数据核字(2010)第164248号

书　　名：建筑工程施工图实例图集
著 作 者：蒋晓燕
责任编辑：邵　江　刘彩云
出版发行：人民交通出版社
地　　址：(100011)北京市朝阳区安定门外外馆斜街3号
网　　址：http://www.ccpress.com.cn
销售电话：(010)59757973
总 经 销：人民交通出版社发行部
经　　销：各地新华书店
印　　刷：北京科印技术咨询服务有限公司
开　　本：787×1092　1/8
印　　张：21
版　　次：2010年8月第1版
印　　次：2023年8月第12次印刷
书　　号：ISBN 978-7-114-08462-1
定　　价：38.00元

高职高专土建类专业规划教材编审委员会

高职高专土建类专业规划教材出版说明

近年来我国职业教育蓬勃发展，教育教学改革不断深化，国家对职业教育的重视达到前所未有的高度。为了贯彻落实《国务院关于大力发展职业教育的决定》的精神，提高我国土建领域的职业教育水平，培养出适应新时期职业需要的高素质人才，人民交通出版社深入调研，周密组织，在全国高职高专教育土建类专业教学指导委员会的热情鼓励和悉心指导下，发起并组织了全国四十余所院校一大批骨干教师，编写出版本系列教材。

本套教材以《高等职业教育土建类专业教育标准和培养方案》为纲，结合专业建设、课程建设和教育教学改革成果，在广泛调查和研讨的基础上进行规划和展开编写工作，重点突出企业参与和实践能力、职业技能的培养，推进教材立体化开发，鼓励教材创新，教材组委会、编审委员会、编写与审稿人员全力以赴，为打造特色鲜明的优质教材做出了不懈努力，希望以此能够推动高职土建类专业的教材建设。

本系列教材先期推出建筑工程技术、工程监理和工程造价三个土建类专业共计四十余种主辅教材，随后在2~3年内全面推出土建大类中7类方向的全部专业教材，最终出版一套体系完整、特色鲜明的优秀高职高专土建类专业教材。

本系列教材适用于高职高专院校、成人高校及二级职业技术学院、继续教育学院和民办高校的土建类各专业使用，也可作为相关从业人员的培训教材。

人民交通出版社
2010年7月

前　言

本图集是浙江省“十一五”重点教材建设项目成果之一,可作为“建筑工程计量与计价”、“建筑识图与构造”、“建筑力学与结构”、“建筑施工技术”、“建筑施工组织”、“建设法规与工程招投标”等课程的辅助教材，也可供建筑施工技术人员学习参考。建筑工程技术、建筑工程管理、工程监理、工程造价等专业都是为建筑工程建设行业培养从事建筑施工、造价咨询、工程监理等相关领域工作的高素质技能型人才。本专业岗位四大核心能力为：施工图识图能力、建筑施工技术应用能力、建筑工程管理能力、建筑工程计价能力。四大核心能力在各个专业中各有侧重点。

我们发现，在专业教学实践中采取项目导向、任务引领、基于工作过程等教学模式来开发、建设核心课程，能够更好地促进四大核心能力的培养。因此，我们收集了三套实际典型结构的建筑施工图汇编成集，作为以上各个专业的辅助教材，希望起到专业核心课程间的纽带作用。

本图集选用的施工图，其设计深度和表达符合《建筑工程设计文件编制深度的规定》，施工图在结构类型上选取了民用建筑中常见的砌体结构和钢筋混凝土结构，设计中采用了建筑结构施工图平面整体表示方法（简称“平法”）。学生可以借助03G101—1图集系统地对本图集中的施工图进行细致识读，以便更好地领会设计意图，提高识图能力。

三套图纸作为三个项目，在教学中要求“建筑工程计量与计价”、“建筑识图与构造”、“建筑力学与结构”、“建筑施工技术”、“建筑施工组织”、“建设法规与工程招投标”等课程以这三个实际项目为导向，引入任务，由浅入深，循序渐进，编制实训方案，围绕共同的建筑工程项目开展实训，以达到技能培养的目的。

本图集包括三个建筑工程施工图实例工程：一是某私人别墅实例工程，二是某厂房实例工程，三是某公司职工宿舍楼实例工程。

本书由浙江广厦建设职业技术学院蒋晓燕主编，王艳红、吴垚副主编，并由高级工程师赵乔主审，参与编写修订的有金梅珍、王春福、陈建兰、任玲华。由于水平有限，书中不足之处在所难免，望广大读者批评指正。

编　者

2010年7月

目　录

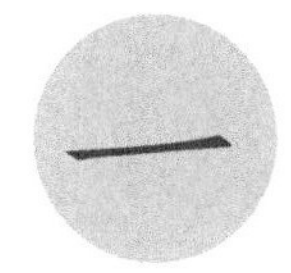

一 某私人别墅建筑施工图

××市规划建筑设计院

设计资质证号: 乙级*******

设计阶段: 建筑施工图

20**年06月

专业	姓名	日期	专业	姓名	日期
建筑			电气		
结构			暖通		
给排水			动力		

××市规划建筑设计院 年　月　日	图　纸　目　录		工　程　编　号					
	工程名称	某私人别墅						
	子项名称		共 1 页　第 1 页					
序号	图纸编号	图纸名称	张数					备注
			0	1	2	3	4	
1	建施 A－01	建筑总说明			1			
2	建施 A－02	门窗表			1			
3	建施 A－03	一层平面图			1			
4	建施 A－04	二层平面图			1			
5	建施 A－05	三层平面图			1			
6	建施 A－06	8.7标高平面图			1			
7	建施 A－07	屋顶平面图			1			
8	建施 A－08	①～③轴立面图			1			
9	建施 A－09	③～①轴立面图			1			
10	建施 A－10	Ⓐ～Ⓕ轴立面图			1			
11	建施 A－11	Ⓕ～Ⓐ轴立面图			1			
12	建施 A－12	局部立面放大图(一)			1			
13	建施 A－13	局部立面放大图(二)			1			
14	建施 A－14	1－1剖面图			1			
15	建施 A－15	2－2剖面图			1			
16	建施 A－16	楼梯及详图			1			
17	设计修改通知便函(一)	施工图审查意见修改			1			
18	设计修改通知便函(二)	建设单位要求修改			1			
19	设计修改通知便函(三)	建设单位要求修改			1			

单位出图专用章	执业资格专用章	××市规划建筑设计院				工程名称	某私人别墅	工程号	
		审　定		设　计		项　目		日　期	
		审　核		计　算		图　名	图纸目录	图　别	建施
		项目负责		校　对				图　号	

建筑总说明

一、工程概况

本工程为某私人别墅；

本工程结构安全等级为二级，结构的设计使用年限为 50 年；

建筑类别：三类建筑；

耐火等级：二级；

屋面防水等级：3级。

二、工程主要技术经济指标

建筑面积：287.47m²

三、施工说明

1.总体说明：

本工程室内±0.000相当于黄海标高14.000,除注明外,尺寸以毫米为单位,标高以米为单位;常规节点构造参考国家有关建筑构造通用图集。

本工程施工及验收均按国家现行的建筑安装工程施工及验收规范执行。

2.墙体工程：

本工程采用新型节能砖,墙体厚度:外墙及分户墙为200,户内隔墙均为90。

3.室内防水：

凡卫生间、厨房等有排水要求的房间,在其四周墙体的楼板处均应上翻150(门槛除外),并与楼板同时浇捣，楼板上涂防水涂料两度，管道预留处均应采用防水套管，楼地面均低同楼层面30mm,面层均向地漏找坡0.5%。

4.露台做法（从上到下）：

40厚 C20钢筋细石混凝土(内配ϕb4@200网片)，油毡一层隔离；40厚现喷发泡硬质聚苯乙烯保温板;JS聚氨酯防水涂料1.5厚，沿墙壁上翻;C15细石混凝土找坡层，最薄处30;钢筋混凝土屋面板。

5.楼地面（从上到下）：

地面做法：撒干拌1：1水泥砂,表面压光;80厚C15混凝土垫层;100厚碎石垫层;素土夯实。

卫生间楼面为防滑缸砖楼面做法：缸砖平铺面层,水泥砂浆填缝,5厚1：1水泥砂浆结合层;15厚1：3水泥砂浆找平;现浇楼板。

其余楼面做法：20厚1：2水泥砂浆面层，楼板结构层。

6.踢脚板：

踢脚板120高，面层同楼地面。

7.墙裙、内墙面、顶棚极外墙面：

墙裙做法：卫生间无踢脚板做2100高白瓷砖墙裙。

内墙面做法：白色仿瓷内墙涂料二度；6厚1：2水泥砂浆光面；17厚1：3。水泥砂浆分层抹平；结构层。

顶棚涂料饰面：白色防瓷内墙涂料二度；3厚1：2纸筋灰底；5厚1：2纸筋灰底；结构层。

涂料饰面：面喷高级外墙弹性涂料二度:8厚1：2水泥砂浆面;12厚1：3水泥砂浆底;结构层。

石材饰面：石材面层（材质另定）；25厚1：2水泥砂浆黏结层（内铜丝固定）；结构层。

勒脚：石材面层（材质另定）；25厚1：2水泥砂浆黏结层（内铜丝固定）；结构层。

8.门窗工程：

所有内外门框立框位置,除注明外,一般平开门立框与开启方向侧墙面平窗框立框位置，除注明外一般立在墙中，所有门窗加工单位应在加工前实地测量核对。

主要部位的门样式及门套装饰由加工单位提供样品，经建设、设计、施工方确认后方可施工，所有铝合金窗框颜色为深灰绿色，内窗及门玻璃均为净白玻璃。

9.油漆工程：

凡工程中明露面漆(精装修部分另定)均由加工单位提供色调样板，由建设、设计、施工方确认后方可施工，所有金属制品均用防锈漆二度打底，树脂面漆(颜色另定)二度。

凡木料与砌体接触部分均满涂沥青。

10.安装配合：

施工过程中如因材料供应困难或建设单位提出改变原设计的布置或用料时，均应在事前征得设计单位同意后方可施工；如发现本工程所发各工种图纸存在矛盾和碰头处，应及时与设计人员联系、解决；凡涂料色彩、外墙石材、铝塑板、室内外色彩粉刷等，均应事先做出样板及样品，待会同建设单位、设计单位研究商定后可施工，所有门窗、檐口等产生滴水部位必须严格做出滴水线。

单位出图专用章	执业资格专用章	××市规划建筑设计院				工程名称	某私人别墅	工程号	
		审定		设计		项目		日期	
		审核		计算		图名	建筑总说明	图别	建施
		项目负责		校对				图号	A-01

门窗表

类别	设计编号	洞口尺寸(mm)	外门窗面积(m^2)			樘数				备注
		宽×高	面积	可开启面积	开启方式	一层	二层	三层	总数	
铝合金普通玻璃固定窗	GC0722	700×2200	1.54	0	固定			1	1	详本页,室内一侧加设900高护栏。详03J930—1 B/264
铝合金普通玻璃异型窗	LC1	6200×3500	21.7	3.42	推拉	1		1	2	详本页
	LC2	2400×3500	8.4	1.16	推拉	1			1	详本页
	LC3	1800×2400	9.5	1.608	平开		1		1	详本页,室内一侧加设900高护栏。详03J930—1 B/264
	LC4	(700+550)×2200	7.7	0.99	平开			1	1	详本页,室内一侧加设900高护栏。详03J930—1 B/264
铝合金普通玻璃推拉窗	TC0906	900×600	0.54	0.27	推拉	1	1	1	3	
	TC1205	1200×500	0.6	0.30	推拉	1			1	
	TC1512	1500×1200	1.8	0.90	推拉	2	1		3	
	TC1515	1500×1500	2.25	1.125	推拉		2	2	4	
	TC1222	1200×2200	2.64	0.60	推拉	1		1	2	详本页,室内一侧加设900高护栏。详03J930—1 B/264
木百叶窗	BYC2411	2400×1100						1	1	详本页
胶合板门	JMa0821	800×2100			平开	3	1	2	6	
	JM0921	900×2100			平开		2	3	5	
铝合金平开门	PM0821	800×2100	1.68	1.68	平开			1	1	
	PM0921	900×2100	1.89	1.89	平开	1			1	
	PM1221	1200×2100	2.52	2.52	平开	1			1	
铝合金普通玻璃推拉门	TM1821	1800×2100	3.78	1.89	推拉			1	1	
	TM3321	3300×2100	6.93	3.456	推拉			1	1	
成品实木门	M1	1200×2400			平开	1			1	甲方自理

注：由厂家制作的门窗,门窗立面及玻璃可承受风压标准应大于该门窗所遇到的最大风压标准值。

其中,外立面门窗加成口门窗套,做法详建施。(1/—)

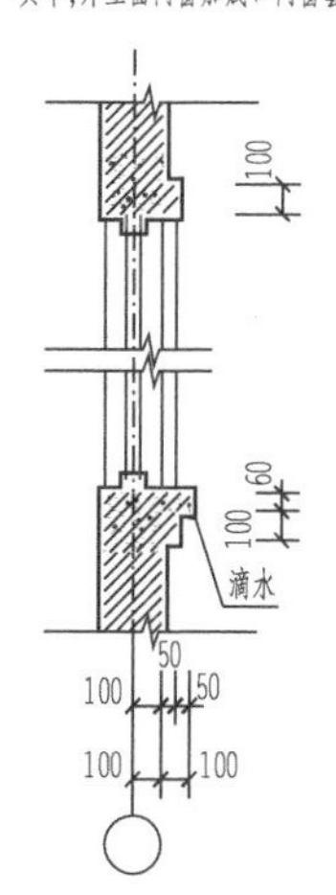

① 窗套做法 1:25

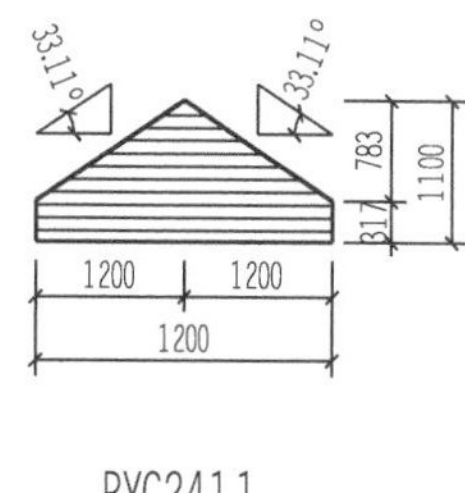
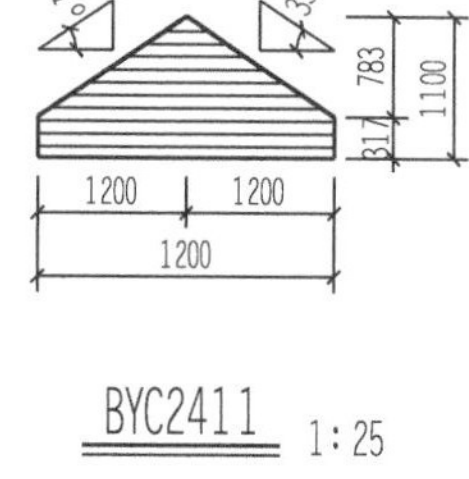

BYC2411 1:25

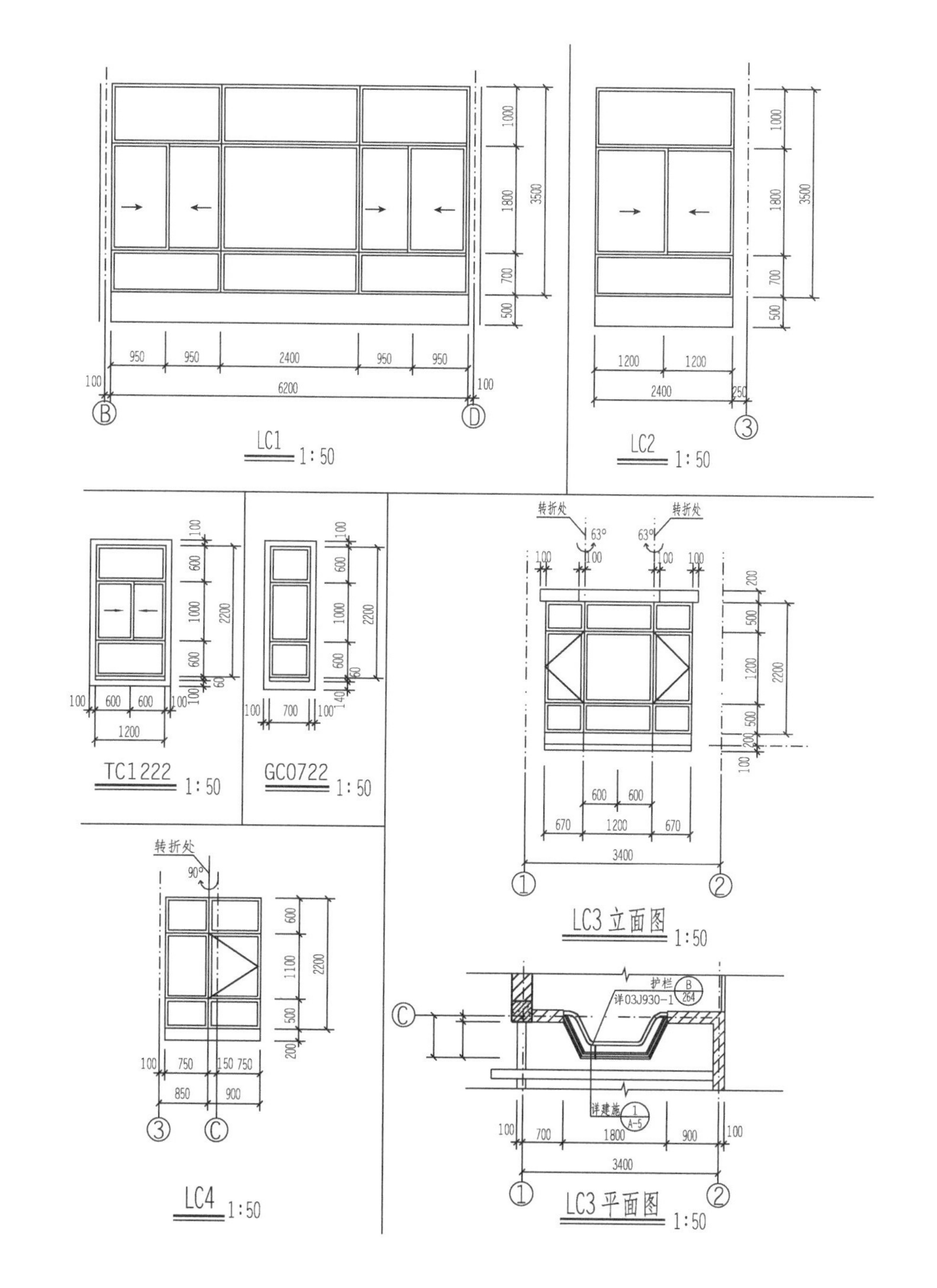

单位出图专用章	执业资格专用章	××市规划建筑设计院				工程名称	某私人别墅	工程号	
		审定		设计		项目		日期	
		审核		计算		图名	门窗表	图别	建施
		项目负责		校对				图号	A-02

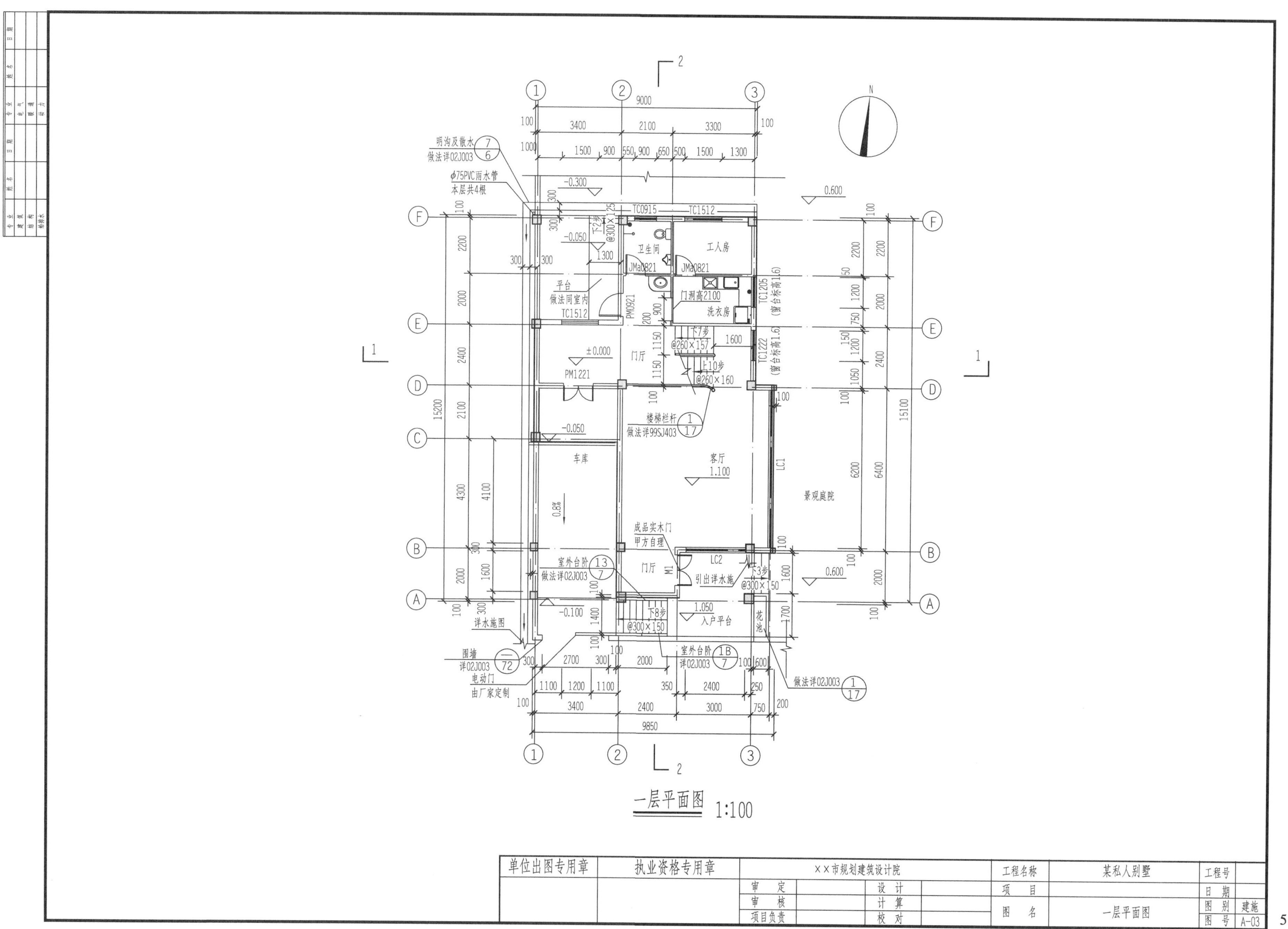

明沟及散水 做法详02J003 7/6
φ75PVC雨水管 本层共4根
-0.300
0.600
TC0915
TC1512
卫生间
工人房
JMa0821
JMa0821
平台 做法同室内
TC1512
门洞高2100
洗衣房
PM0921
TC1205 (窗台标高1.6)
TC1222 (窗台标高1.6)
下7步 @260×157
上10步 @260×160
±0.000
门厅
PM1221
楼梯栏杆 做法详99SJ403 1/17
-0.050
车库
客厅 1.100
LC1
景观庭院
0.8%
成品实木门 甲方自理
室外台阶 做法详02J003 13/7
门厅
M1
LC2
引出详水施
下3步 @300×150
0.600
-0.100
下8步 @300×150
1.050 入户平台
花池
详水施图
围墙 详02J003 —/72
电动门 由厂家定制
室外台阶 详02J003 1B/7
做法详02J003 1/17
9000
3400 2100 3300
15200
15100
9850
一层平面图 1:100
单位出图专用章
执业资格专用章
××市规划建筑设计院
审定
审核
项目负责
设计
计算
校对
工程名称 某私人别墅
项目
图名 一层平面图
工程号
日期
图别 建施
图号 A-03

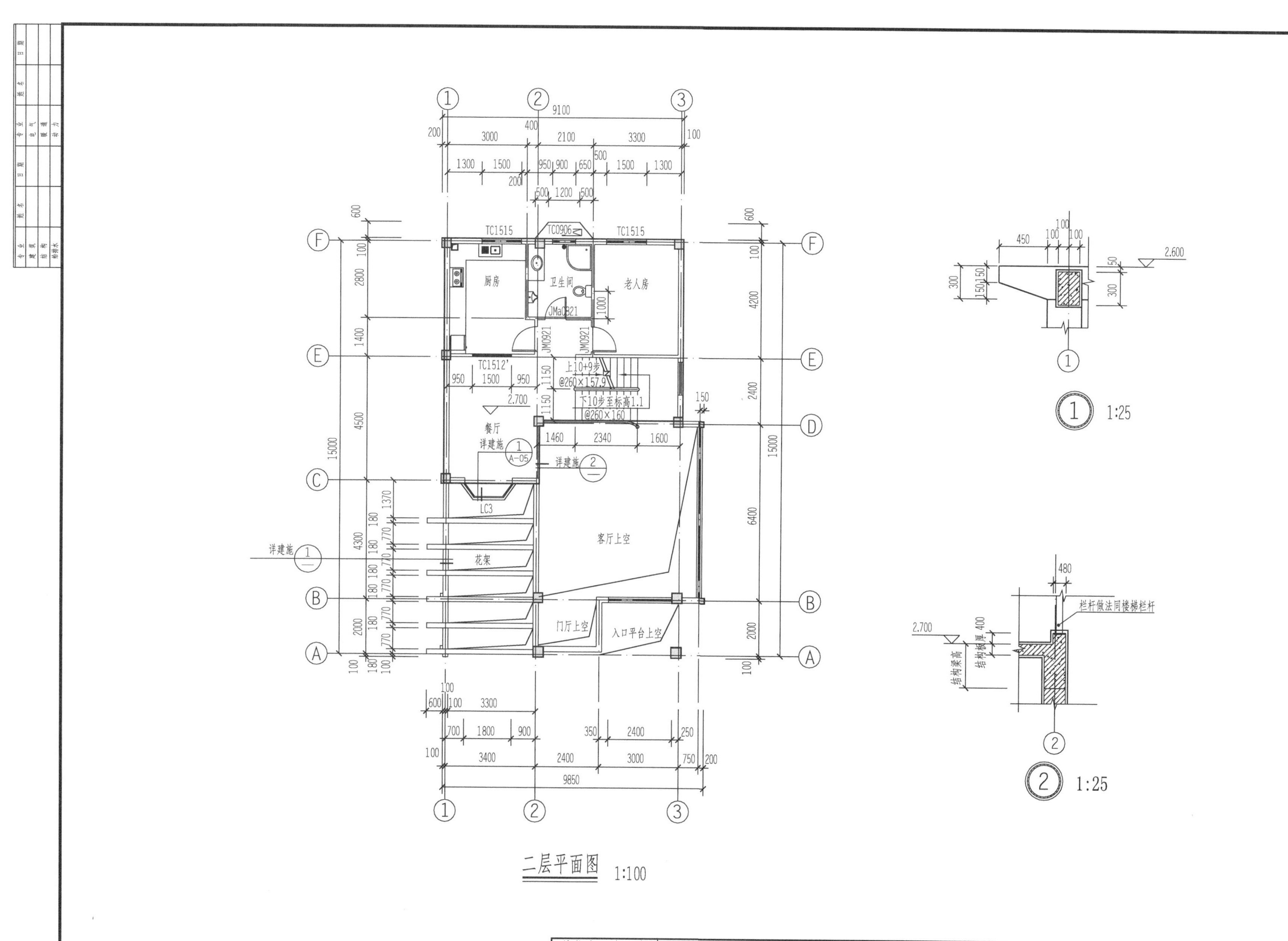

单位出图专用章	执业资格专用章	××市规划建筑设计院		工程名称	某私人别墅	工程号	
		审定	设计	项目		日期	
		审核	计算	图名	二层平面图	图别	建施
		项目负责	校对			图号	A-04

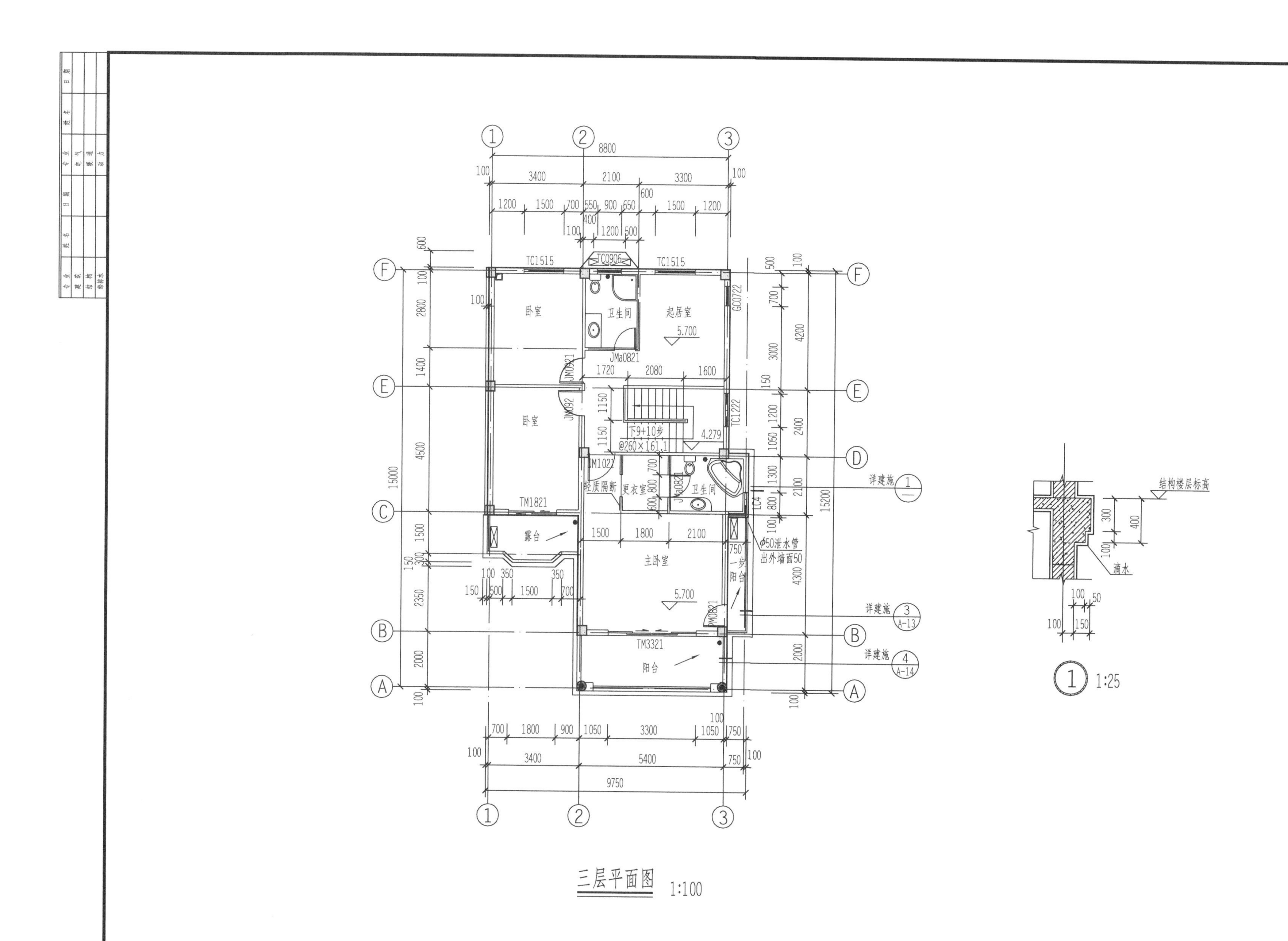

三层平面图 1:100

单位出图专用章	执业资格专用章	××市规划建筑设计院				工程名称	某私人别墅	工程号	
		审　定		设　计		项　目		日　期	
		审　核		计　算		图　名	三层平面图	图　别	建施
		项目负责		校　对				图　号	A-05

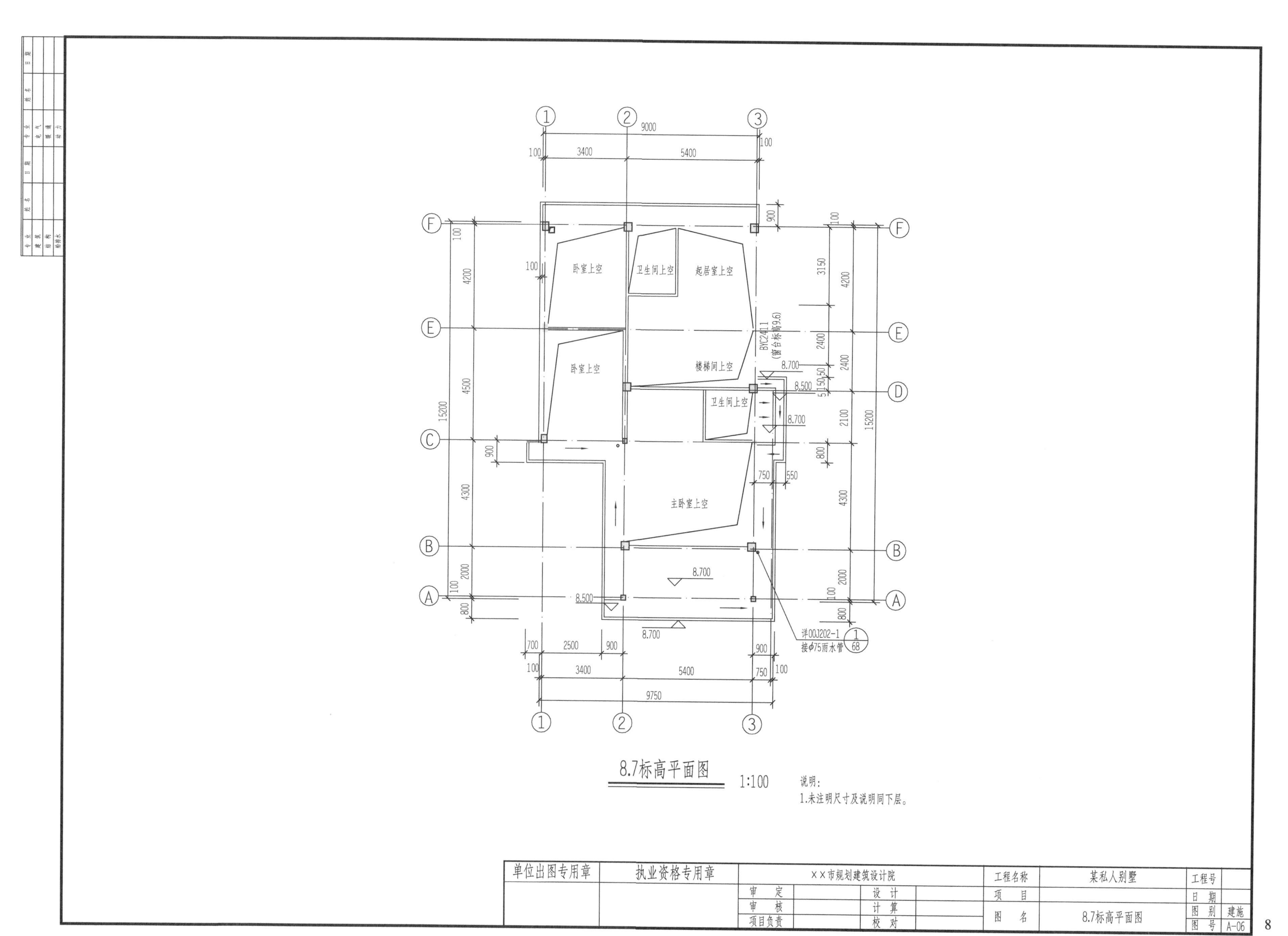
卧室上空
卫生间上空
起居室上空
卧室上空
楼梯间上空
卫生间上空
主卧室上空
BYC2411
(窗台标高9.6)
8.700
8.500
8.700
8.700
8.500
8.700
详00J202-1
接φ75雨水管
8.7标高平面图
1:100
说明:
1.未注明尺寸及说明同下层。
单位出图专用章
执业资格专用章
××市规划建筑设计院
审定
审核
项目负责
设计
计算
校对
工程名称
某私人别墅
项目
图名
8.7标高平面图
工程号
日期
图别
建施
图号
A-06

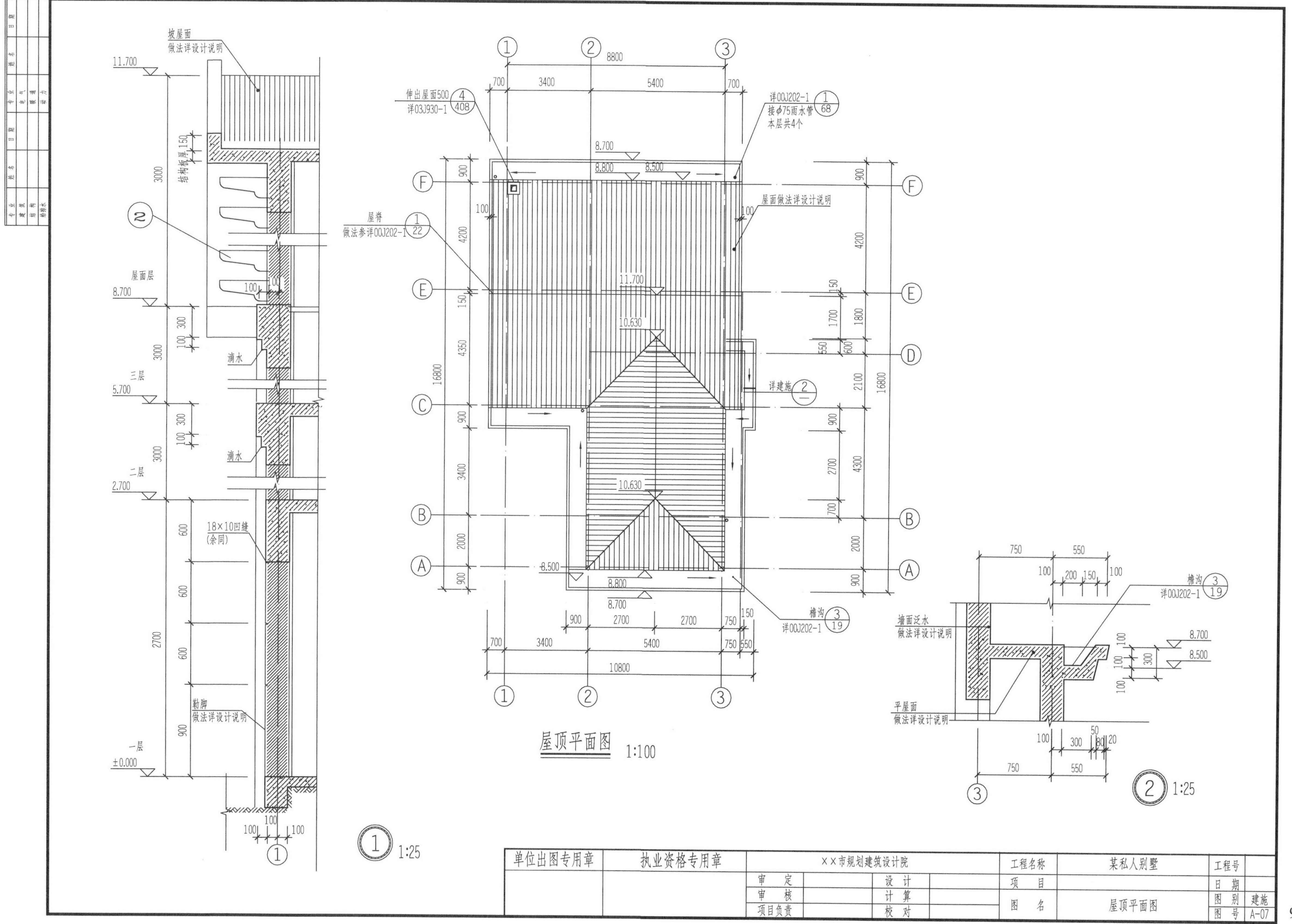

坡屋面
做法详设计说明
结构板厚150
屋面层
三层
二层
一层
滴水
18×10凹缝
(余同)
勒脚
做法详设计说明
伸出屋面500
详03J930-1
屋脊
做法参详00J202-1
详00J202-1
接φ75雨水管
本层共4个
屋面做法详设计说明
详建施
檐沟
墙面泛水
做法详设计说明
平屋面
做法详设计说明
屋顶平面图 1:100
1:25
单位出图专用章
执业资格专用章
××市规划建筑设计院
审定
审核
项目负责
设计
计算
校对
工程名称
某私人别墅
项目
图名
屋顶平面图
工程号
日期
图别
建施
图号
A-07

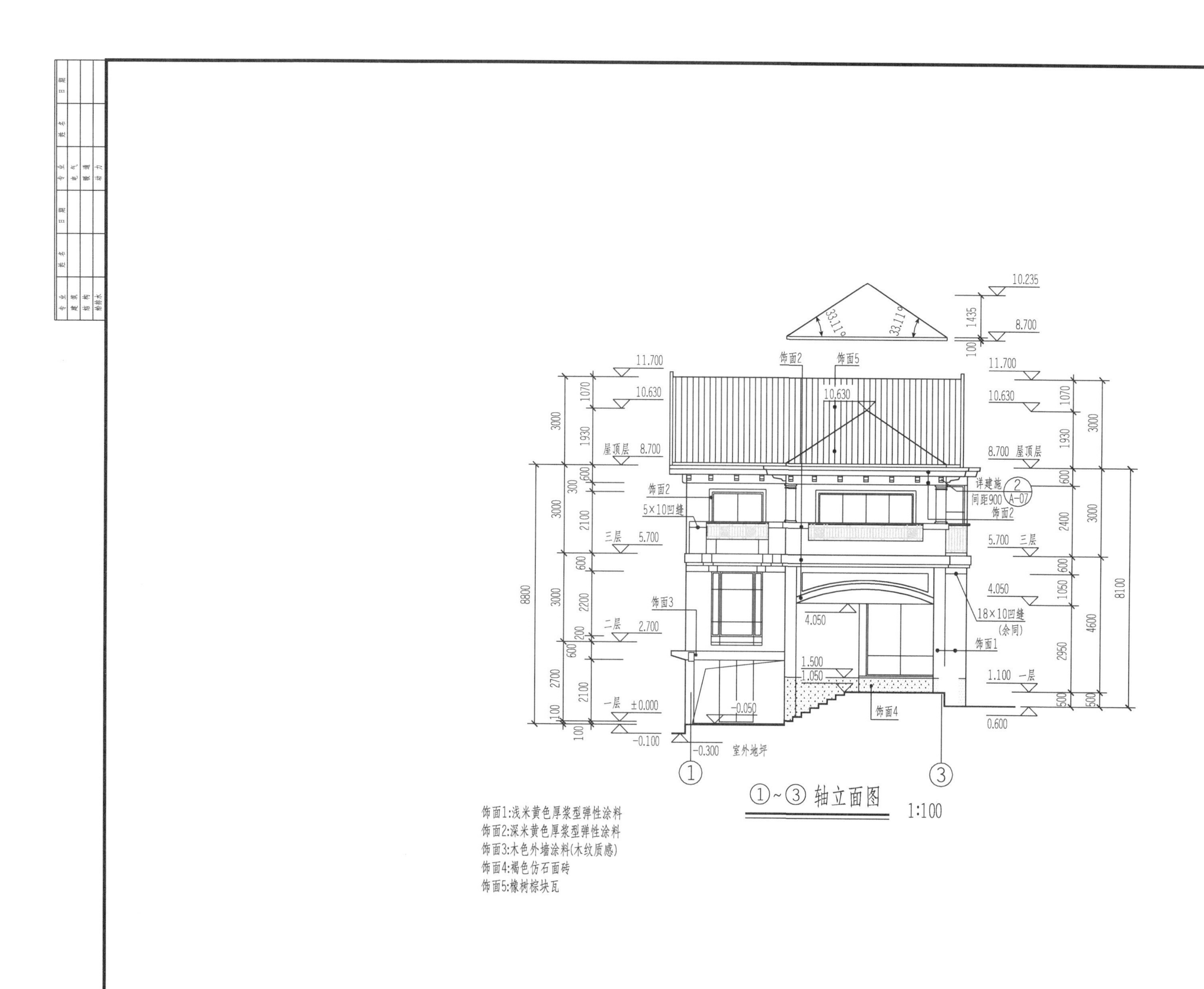

①~③ 轴立面图 1:100

饰面1:浅米黄色厚浆型弹性涂料
饰面2:深米黄色厚浆型弹性涂料
饰面3:木色外墙涂料(木纹质感)
饰面4:褐色仿石面砖
饰面5:橡树棕块瓦

单位出图专用章	执业资格专用章	××市规划建筑设计院				工程名称	某私人别墅	工程号	
		审定		设计		项目		日期	
		审核		计算		图名	①~③轴立面图	图别	建施
		项目负责		校对				图号	A-08

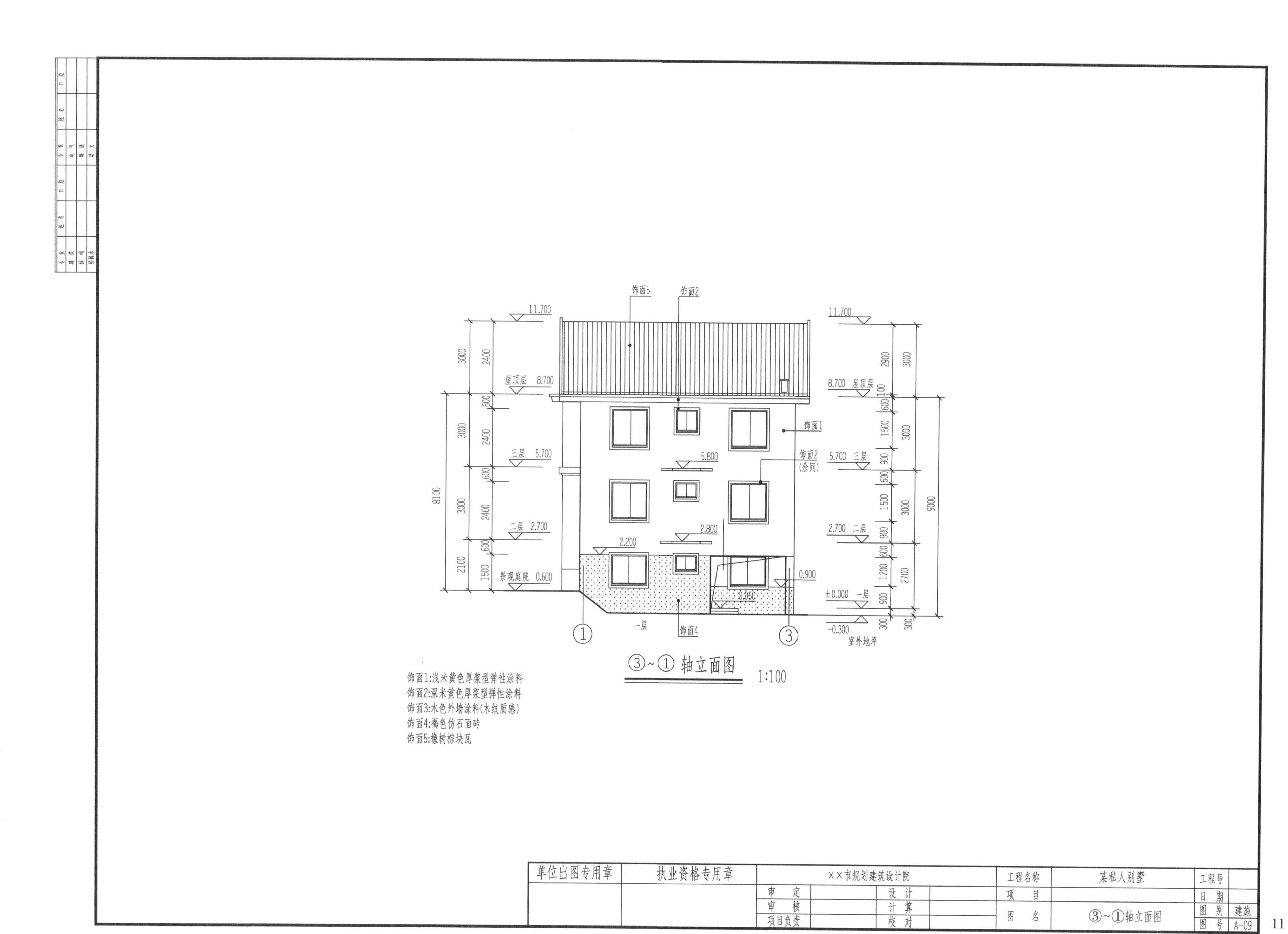

饰面5
饰面2
11.700
屋顶层 8.700
三层 5.700
二层 2.700
景观庭院 0.600
5.800
2.800
2.200
饰面1
饰面2
(余同)
0.900
±0.000 一层
-0.300
室外地坪
-0.050
一层
饰面4
③~① 轴立面图 1:100
饰面1:浅米黄色厚浆型弹性涂料
饰面2:深米黄色厚浆型弹性涂料
饰面3:木色外墙涂料(木纹质感)
饰面4:褐色仿石面砖
饰面5:橡树棕块瓦
单位出图专用章
执业资格专用章
××市规划建筑设计院
审 定
审 核
项目负责
设 计
计 算
校 对
工程名称
某私人别墅
项 目
图 名
③~①轴立面图
工程号
日 期
图 别 建施
图 号 A-09

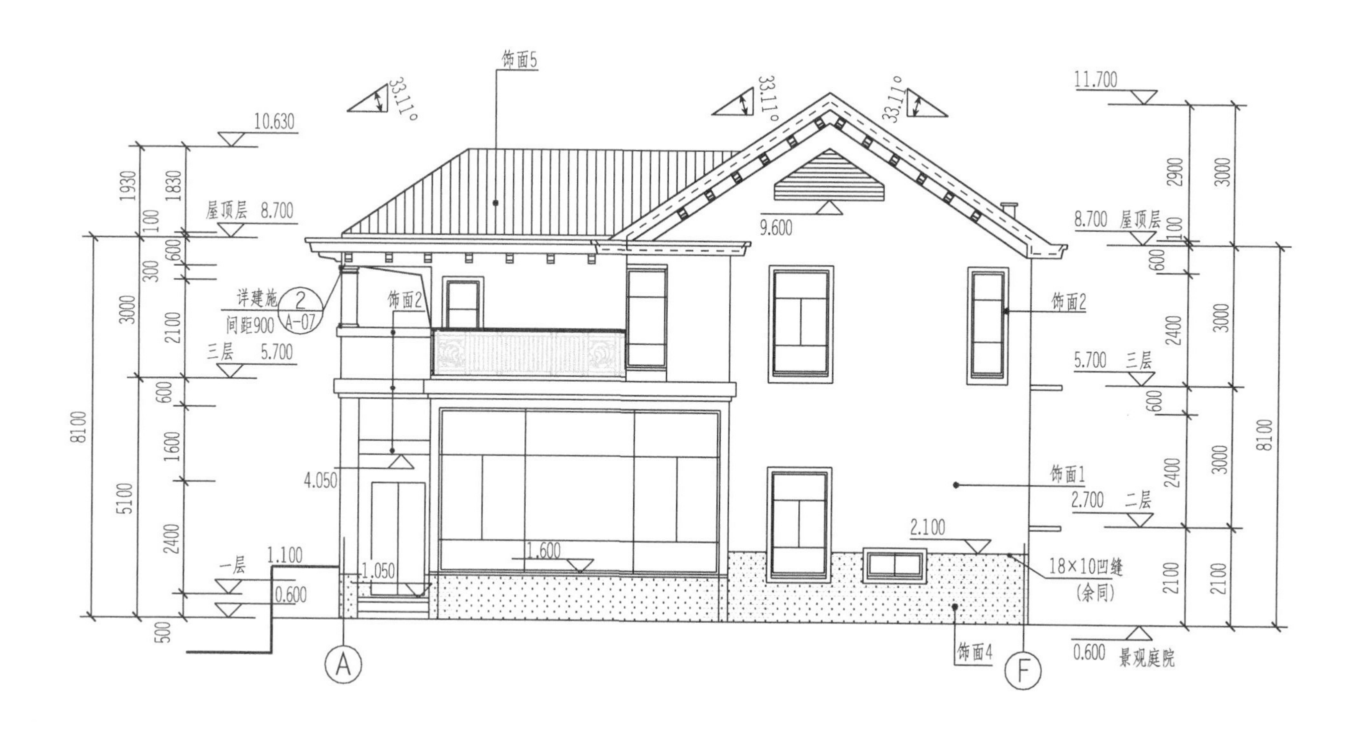

Ⓐ~Ⓕ轴立面图 1:100

饰面1：浅米黄色厚浆型弹性涂料
饰面2：深米黄色厚浆型弹性涂料
饰面3：木色外墙涂料(木纹质感)
饰面4：褐色仿石面砖
饰面5：橡树棕块瓦

单位出图专用章	执业资格专用章	××市规划建筑设计院				工程名称	某私人别墅	工程号	
		审　定		设　计		项　目		日　期	
		审　核		计　算		图　名	Ⓐ~Ⓕ轴立面图	图　别	建施
		项目负责		校　对				图　号	A-10

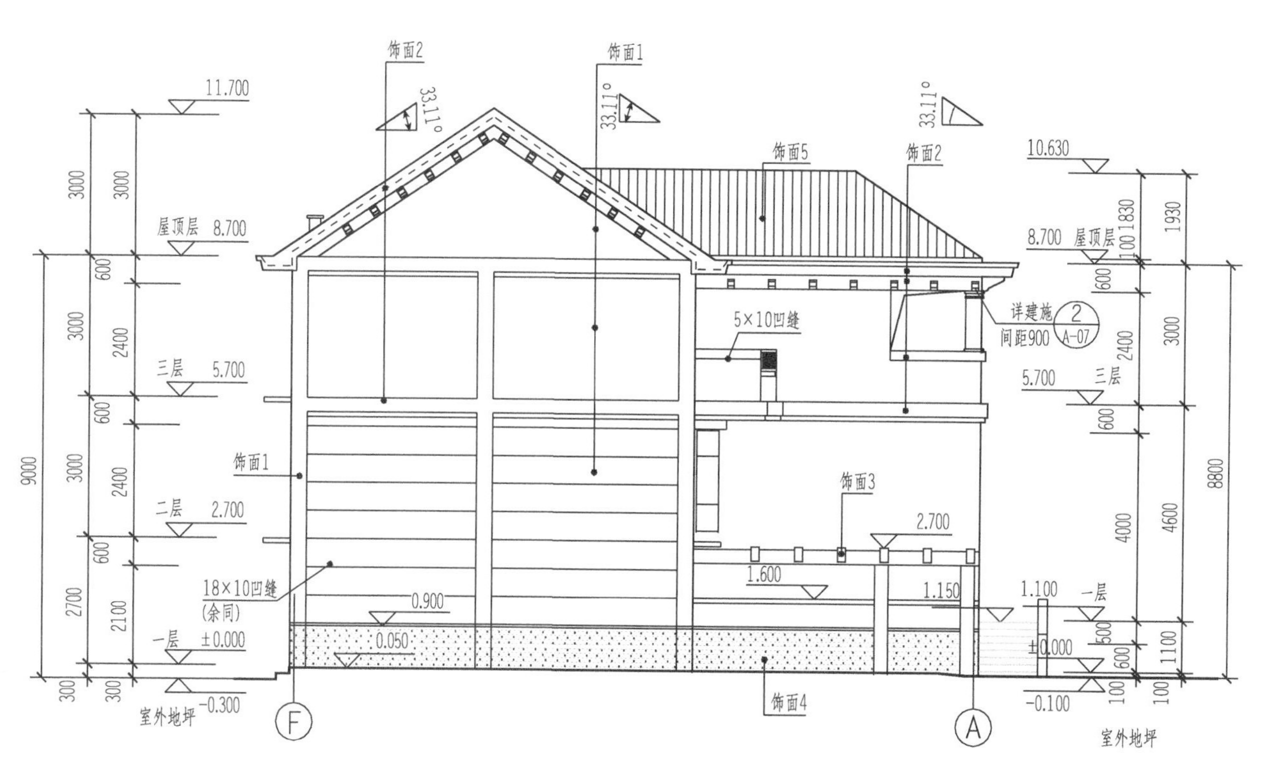

Ⓕ~Ⓐ轴立面图 1:100

饰面1：浅米黄色厚浆型弹性涂料
饰面2：深米黄色厚浆型弹性涂料
饰面3：木色外墙涂料(木纹质感)
饰面4：褐色仿石面砖
饰面5：橡树棕块瓦

单位出图专用章	执业资格专用章	××市规划建筑设计院				工程名称	某私人别墅	工程号	
		审定		设计		项目		日期	
		审核		计算		图名	Ⓕ~Ⓐ轴立面图	图别	建施
		项目负责		校对				图号	A-11

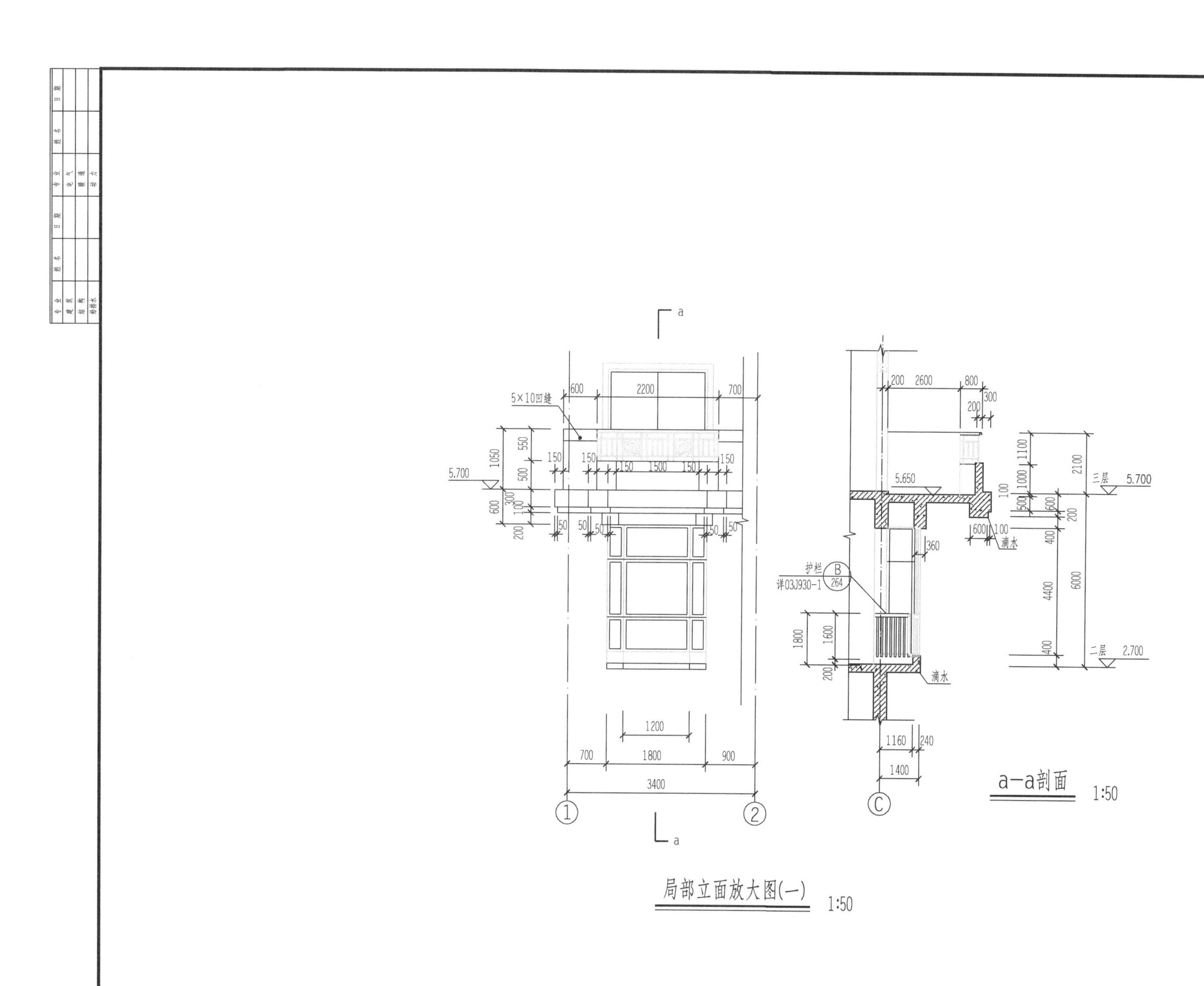

局部立面放大图(一) 1:50

a—a剖面 1:50

单位出图专用章	执业资格专用章	××市规划建筑设计院				工程名称	某私人别墅	工程号	
		审　定		设　计		项　目		日　期	
		审　核		计　算		图　名	局部立面放大图(一)	图　别	建施
		项目负责		校　对				图　号	A-12

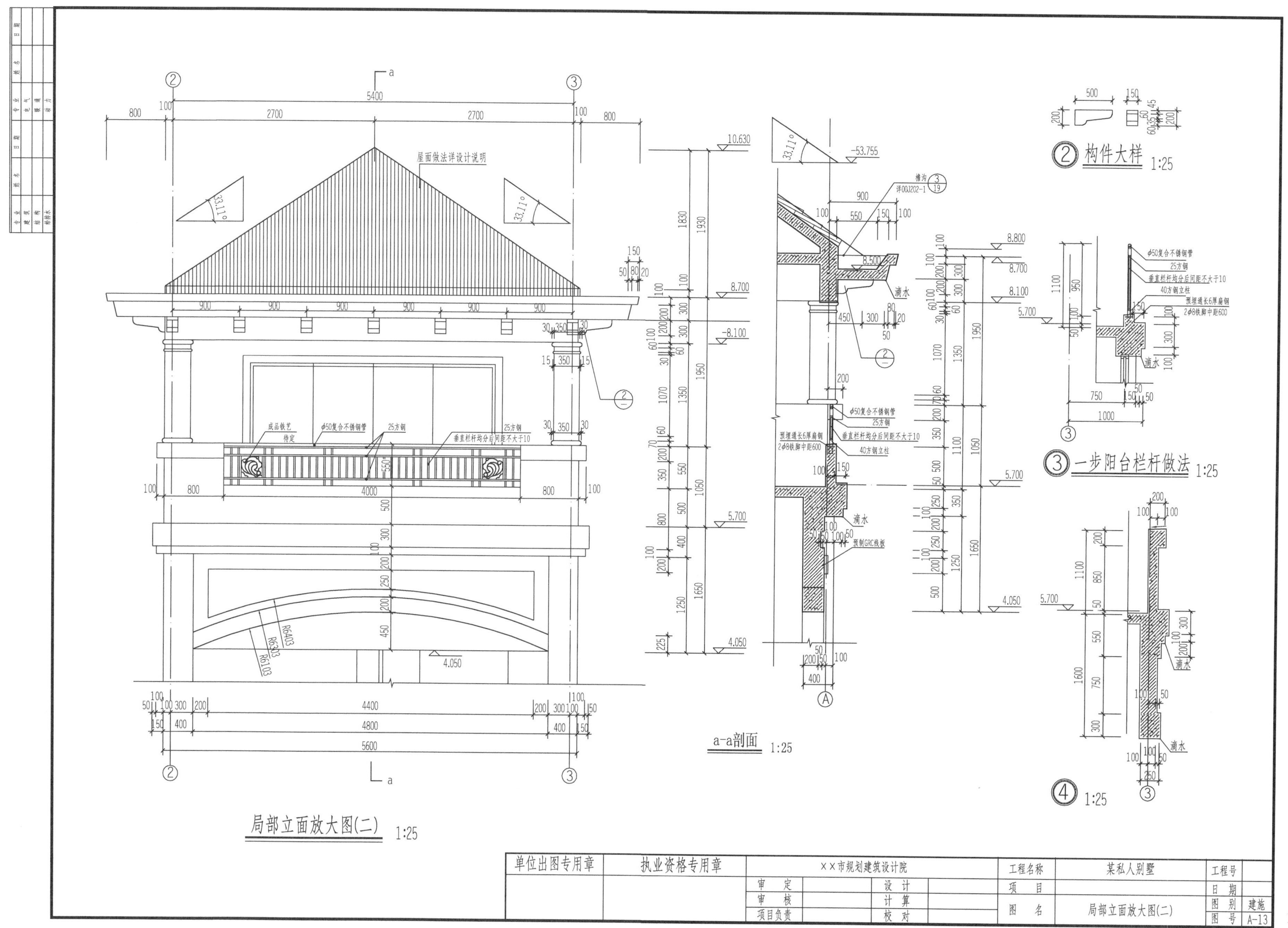

单位出图专用章	执业资格专用章	××市规划建筑设计院				工程名称	某私人别墅	工程号	
		审定		设计		项目		日期	
		审核		计算				图别	建施
		项目负责		校对		图名	局部立面放大图(二)	图号	A-13

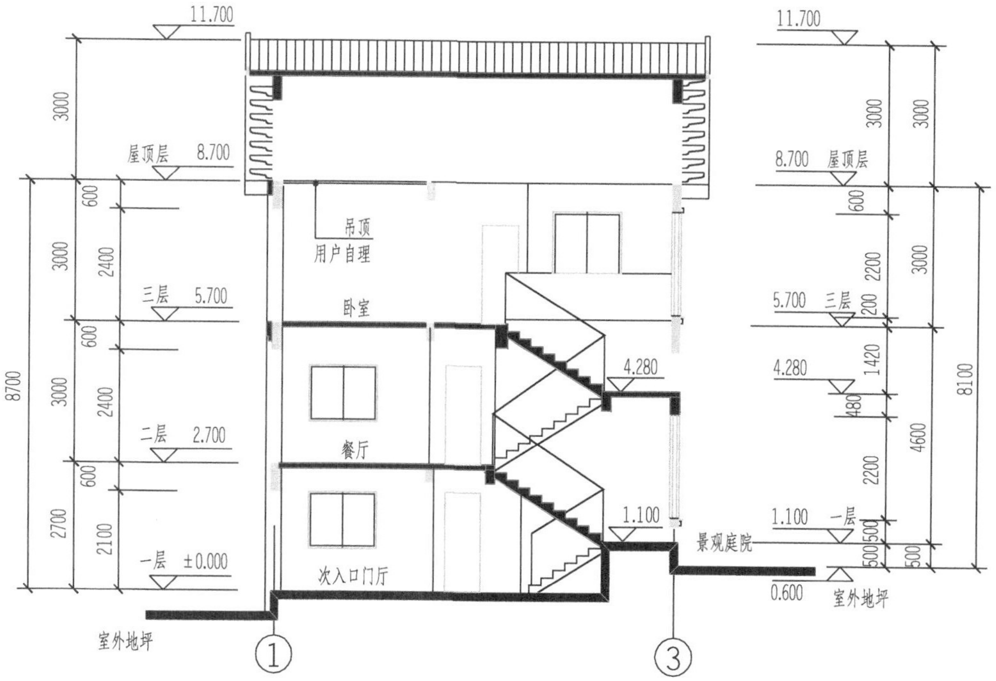

1-1剖面图 1:100

单位出图专用章	执业资格专用章	××市规划建筑设计院				工程名称	某私人别墅	工程号	
		审　定		设　计		项　目		日　期	
		审　核		计　算		图　名	1-1剖面图	图　别	建施
		项目负责		校　对				图　号	A-14

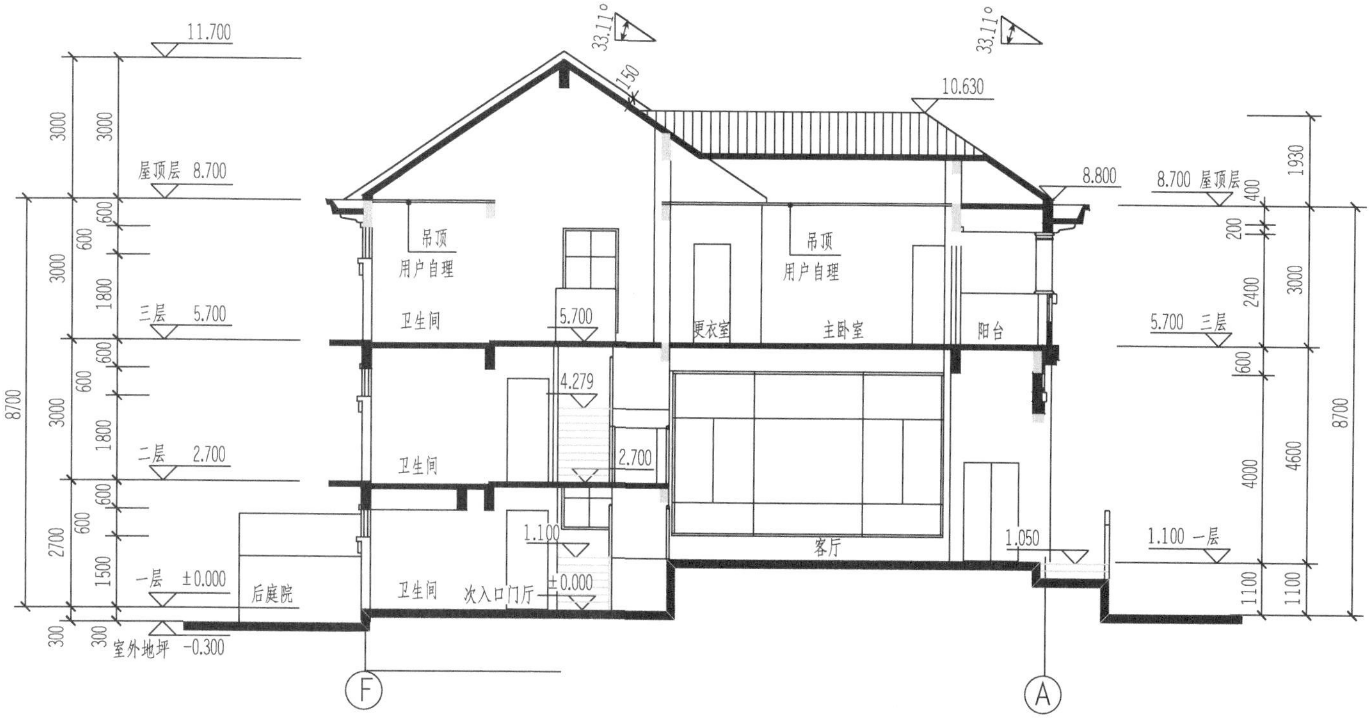

2-2剖面图 1:100

单位出图专用章	执业资格专用章	××市规划建筑设计院		工程名称	某私人别墅	工程号	
		审 定	设 计	项 目		日 期	
		审 核	计 算	图 名	2-2剖面图	图 别	建施
		项目负责	校 对			图 号	A-15

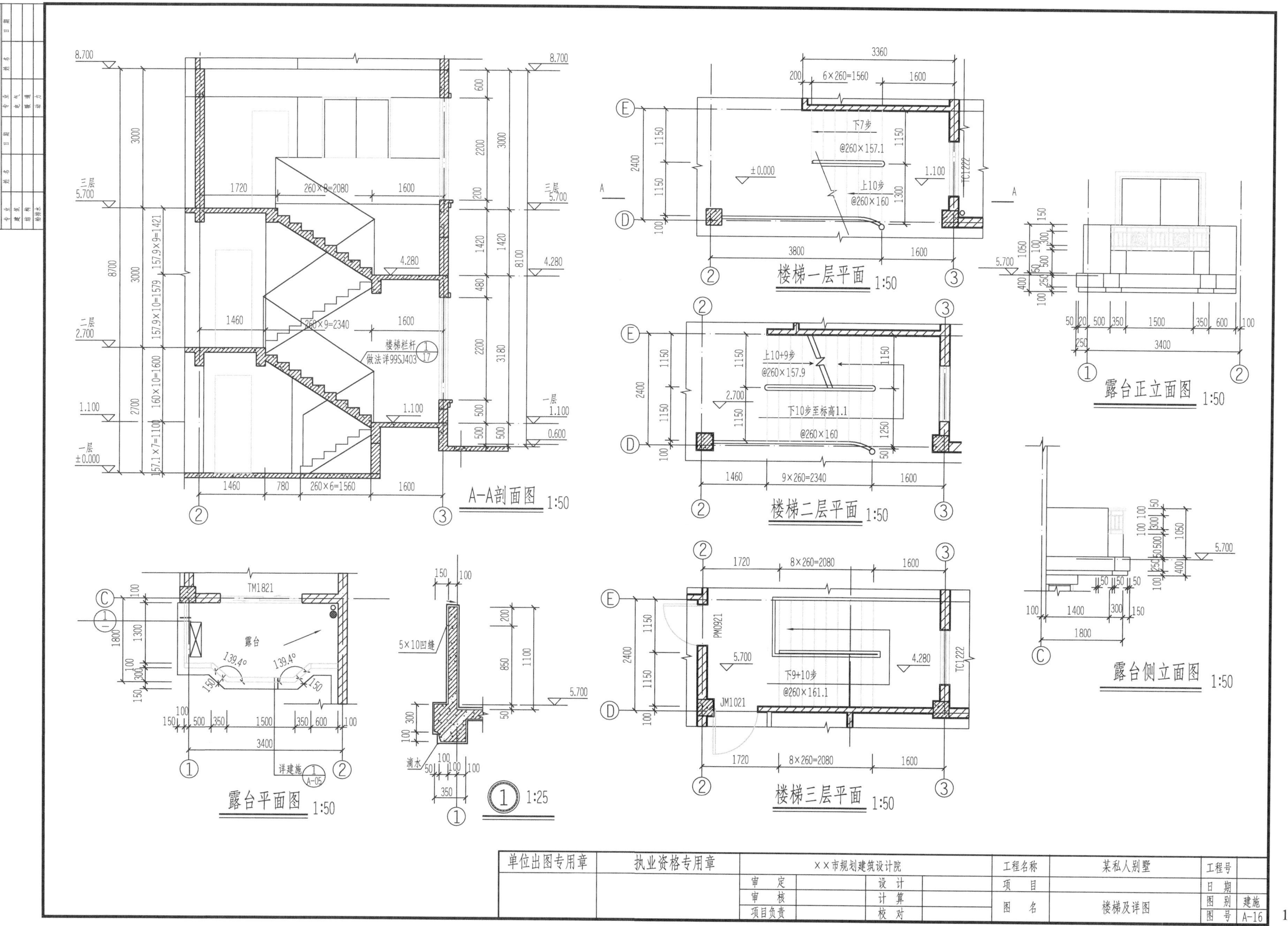
A-A剖面图 1:50
楼梯一层平面 1:50
楼梯二层平面 1:50
楼梯三层平面 1:50
露台正立面图 1:50
露台侧立面图 1:50
露台平面图 1:50
1 1:25
楼梯栏杆做法详99SJ403
单位出图专用章
执业资格专用章
××市规划建筑设计院
审 定
审 核
项目负责
设 计
计 算
校 对
工程名称
某私人别墅
项 目
图 名
楼梯及详图
工程号
日 期
图 别
建施
图 号
A-16

设计修改通知便函(一)

建设单位		发送单位	建设单位
工程名称	某私人别墅	抄送单位	监理公司、施工单位
工程编号		发文日期	

更改理由	
1.原设计图纸错、漏、碰、缺的更正。	6.建设单位要求更改。
2.原设计计算的更正。	7.施工单位要求更改。
3.原构造设计的改进或完善。	8.施工条件变化。
4.其他工种和设计人员要求配合更改。	√ 9.施工图审查意见。
5.地质条件与原资料有出入造成的修改。	10.消防审核意见。

构造做法同平屋面，详附图1

建施A-05：露台加设保温材料。

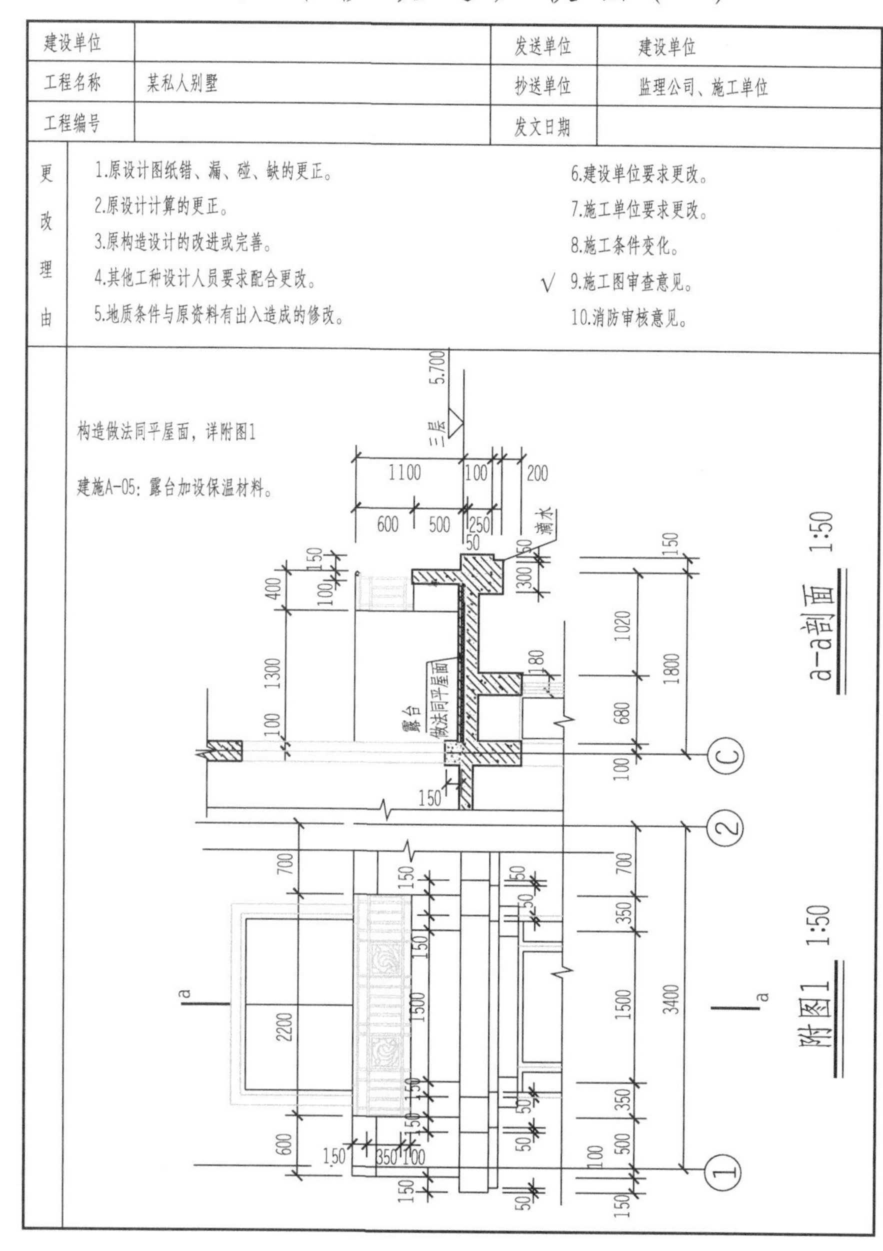

单位出图专用章	执业资格专用章	××市规划建筑设计院				工程名称	某私人别墅	工程号	
		审 定		设 计		项 目		日 期	
		审 核		计 算		图 名	设计修改通知便函(一)	图 别	建施
		项目负责		校 对				图 号	

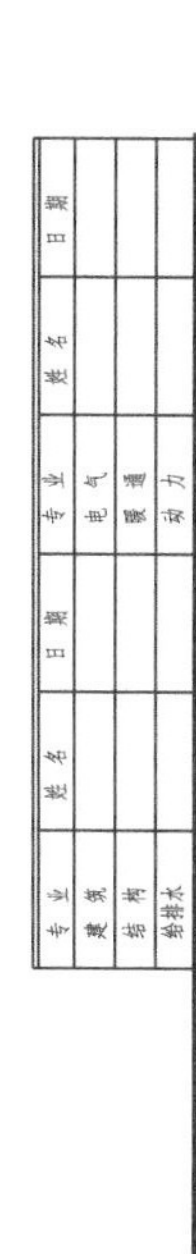

设计修改通知便函(二)

建设单位		发送单位	建设单位
工程名称	某私人别墅	抄送单位	监理公司、施工单位
工程编号		发文日期	

更改理由：

1.原设计图纸错、漏、碰、缺的更正。
2.原设计计算的更正。
3.原构造设计的改进或完善。
4.其他工种设计人员要求配合更改。
5.地质条件与原资料有出入造成的修改。
√ 6.建设单位要求更改。
7.施工单位要求更改。
8.施工条件变化。
9.施工图审查意见。
10.消防审核意见。

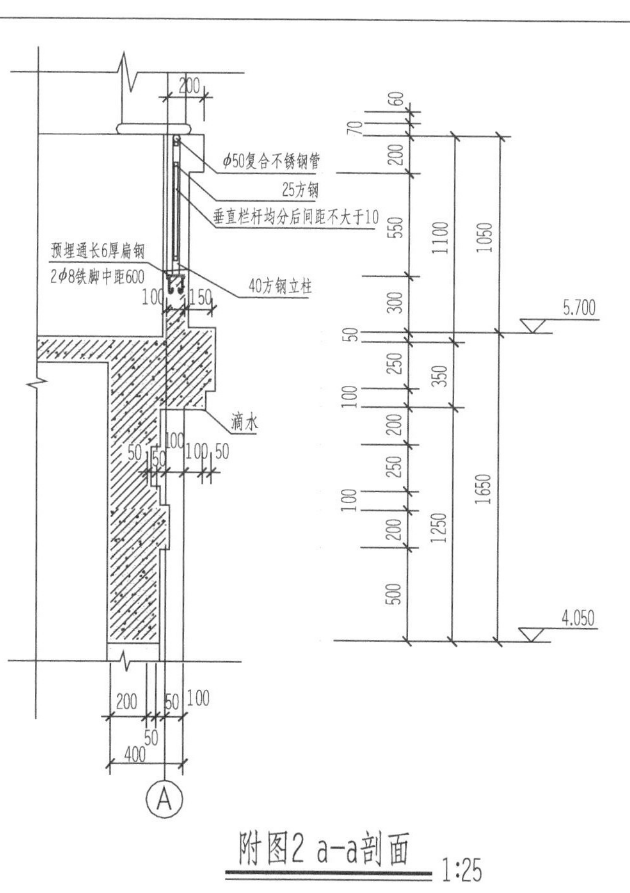

附图2 a-a剖面 1:25

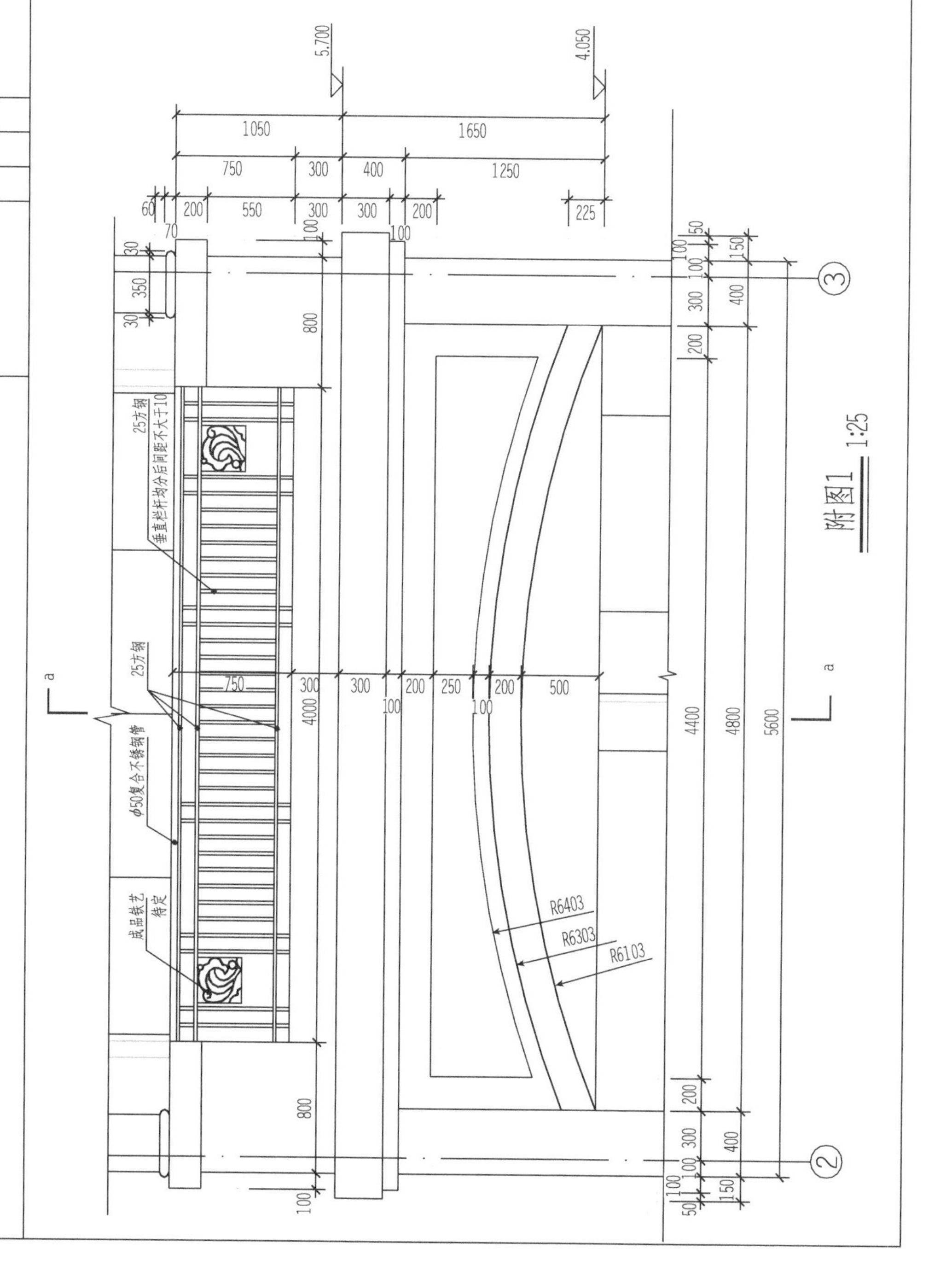

附图1 1:25

单位出图专用章	执业资格专用章	××市规划建筑设计院		工程名称	某私人别墅	工程号	
		审 定	设 计	项 目		日 期	
		审 核	计 算	图 名	设计修改通知便函(二)	图 别	建施
		项目负责	校 对			图 号	

设计修改通知便函(三)

建设单位		发送单位	建设单位
工程名称	某私人别墅	抄送单位	监理公司、施工单位
工程编号		发文日期	

更改理由：

1.原设计图纸错、漏、碰、缺的更正。
2.原设计计算的更正。
3.原构造设计的改进或完善。
4.其他工种设计人员要求配合更改。
5.地质条件与原资料有出入造成的修改。
√ 6.建设单位要求更改。
7.施工单位要求更改。
8.施工条件变化。
9.施工图审查意见。
10.消防审核意见。

图纸审查修改

1.建施A-04：二层平面图中Ⓒ轴处凸窗LC3，修改详见附图1。

2.建施A-05：三层平面图中Ⓑ轴处，推拉门TM3321改为TM4021，门洞尺寸为4000×2100，立面参详TM3921。

3.建施A-04、A-05：各层平面图中轴处窗TC0906修改为TC0915，现窗台高为900，窗洞尺寸为900×1500。

二层平面图、三层平面图中Ⓕ轴处空调外机搁板上加成品铁花栏杆，高度60，由专业厂家定制。

4.建施A-07、A-08、A-09、A-10：阳台实体栏板降为距层高300高，花饰相应加高，详见附图2。

5.建施A-09：局部立面修改见附图2。

以下无正文。

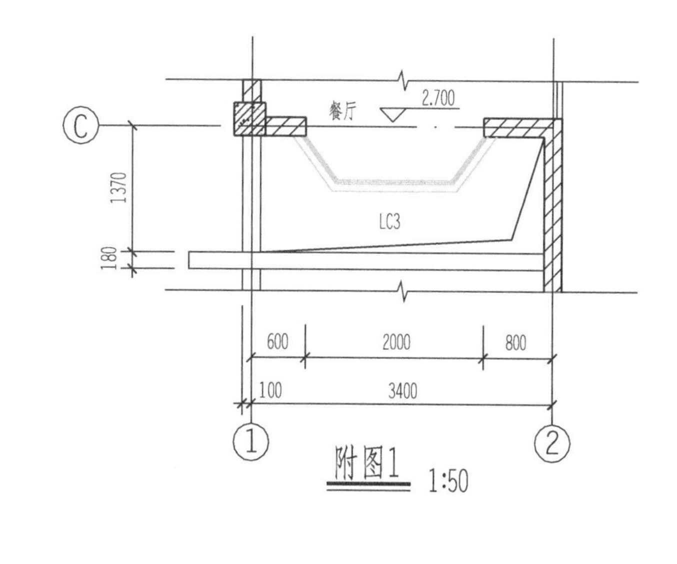

附图1 1:50

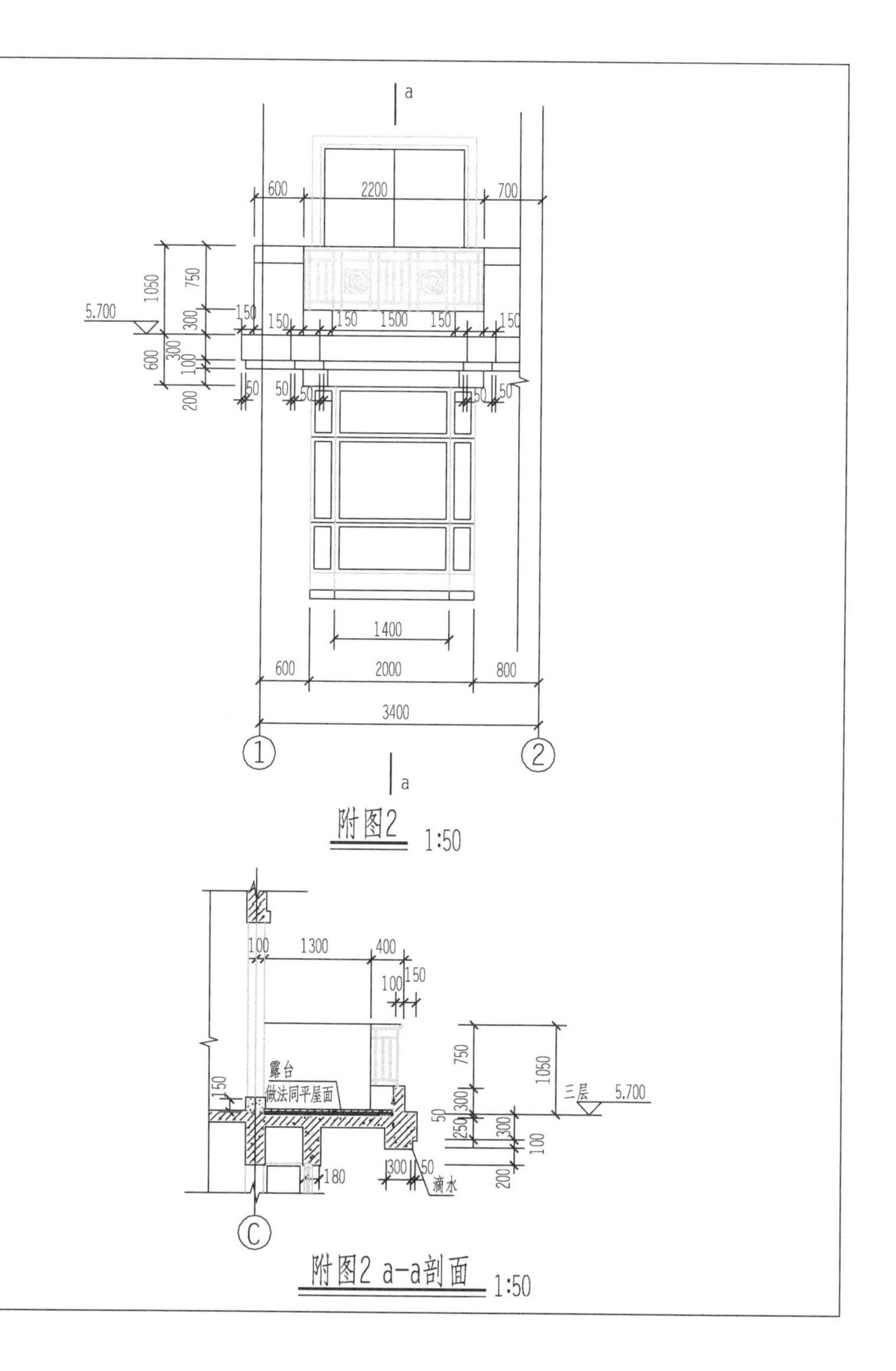

附图2 1:50

附图2 a-a剖面 1:50

单位出图专用章	执业资格专用章	××市规划建筑设计院		工程名称	某私人别墅	工程号	
		审定	设计	项目		日期	
		审核	计算	图名	设计修改通知便函(三)	图别	建施
		项目负责	校对			图号	

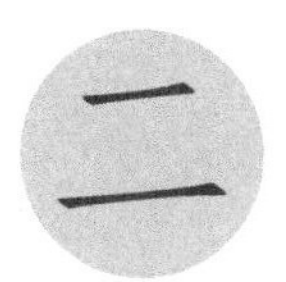 某厂房土建施工图

××市规划建筑设计院

设计资质证号:

设计阶段:　　　　　　　　　　土建施工图

年　　月

(一)某厂房建筑施工图

建筑施工图图纸目录

图号	图纸名称
总图-00	总平面图定位图
建施-01	建筑说明 门窗汇总表 室内、外装修做法表
建施-02	一层平面图
建施-03	二层平面图
建施-04	三、四层平面图
建施-05	五层平面图
建施-06	屋面、电梯机房层平面图
建施-07	①~⑪轴立面图
建施-08	⑪~①轴立面图
建施-09	Ⓐ~Ⓓ轴立面图　1-1剖面图 楼梯、电梯机房屋面平面图　卫生间平面布置图　C1、C2
建施-10	节点大样图
建施-11	1#楼梯详图
建施-12	2#楼梯详图
建施-13	电梯剖面图　Ⓐ外墙墙身详图 楼梯栏杆详图

单位出图专用章	执业资格专用章	××市规划建筑设计院				工程名称	某厂房	工程号	
		审　定		设　计		项　目		日　期	
		审　核		计　算		图　名	图纸目录	图　别	建施
		项目负责		校　对				图　号	

建 筑 说 明

一、设计依据

1.东发计__x x x________文件。
2.东规局__x x x________文件。
3.东公消__x x x________文件。
4.甲方提出的设计任务书及可行性报告。
5.总图制图标准(GB/T 50103—2001)
6.建筑制图标准(GB/T 50104—2001)
7.民用建筑设计通则(GB 50352—2005)
8.工业企业总平面设计规范(GB 50187—93)
9.建筑设计防火规范(GB 50016—2006)

二、工程概况

1.工程名称：________________。
建设地点：________________。
建设单位：________________。
设计主要内容：________________。
2.本工程总建筑面积：__1788.32__m^2；本工程建筑基底总面积：__344.10__m^2。
3.建筑类别：__丙类厂房__。
4.建筑层数,高度:地上__五__层， 建筑高度__18.900__m。
5.建筑结构形式为__框架__结构。
合理使用年限为__50__年，抗震设防烈度为__<6__度。
6.建筑物耐火等级为__二__级，建筑防雷类别__三__类，
屋面防水等级为__二__级。

三、设计标高

1.本工程±0.000相当于绝对标高为__15.000__m；比室外地坪高__0.300m__。
2.各层标注标高为建筑完成面标高，屋面标高为结构面标高。
3.本工程标高以m为单位，总平面图尺寸以m为单位，其他尺寸以mm为单位。

四、墙体工程

1.墙体的基础部分详见结施图。
2.需做基础的隔墙除另有要求者外，均随混凝土垫层做元宝基础，上底宽500mm，下底宽300mm，高300mm；位于楼层的隔墙可直接安装于结构梁（板）面上。
3.墙身防潮层：在室内地坪下约60处做20厚1：2水泥砂浆内加3%~5%防水剂的墙身防潮层(在此标高为钢筋混凝土构造，或下为砖石结构时可不做)，室内地坪标高变化处防潮层应重叠搭接__150mm__，并在有高低差埋土一侧的墙身做20厚1：2水泥砂浆防潮层，如埋土一侧为室外，还应加__丙烯酸酯防水涂料__。
4.墙体留洞及封堵：
(1)钢筋混凝土墙上的留洞见结施和设备图；
(2)砌筑墙预留洞见建施和设备图；
(3)预留洞的封堵：混凝土墙的封堵见结施，其余砌筑墙留洞待管道设备安装完毕后，用C20细石混凝土填实；变形缝处双墙留洞的封堵，应在双墙分别增设套管，套管与穿墙管之间嵌堵__聚氨酯建筑密封膏__。

五、屋面工程

1.本工程的屋面防水等级为__二__级，防水合理使用年限为__15__年，做法为__见节点详图__。
2.屋面做法及屋面节点索引见建施图，屋面平面图、露台、雨篷等见各层平面图及详图。
3.屋面排水组织见屋面平面图，内外排水雨水管见水施图，雨水管采用__ϕ100PVC__。

六、门窗工程

1.建筑外门窗抗风压性能分级为__5级__，气密性能分级为__3级__,水密性能分级为__3级__，保温性能分级为__6级__，隔热性能分级为__6级__，隔声性能分级为__6级__。
2.门窗玻璃的选用应遵照《建筑玻璃应用技术规程》和《建筑安全玻璃管理规定》发改运行(2003)2116号及地方主管部门的有关规定。
3.门窗立面均表示洞口尺寸，门窗加工尺寸要按照装修面厚度由承包商予以调整。
4.外门窗立樘详墙身节点图，内门窗立樘除图中另有注明者外，立樘位置为__内侧平__，管道竖井设门槛高为__300__mm。
5.门窗选料、颜色、玻璃见：门窗表附注，门窗五金件要求为__不锈钢配件__。
6.防火墙和公共走廊上疏散用的平开防火门应设闭门器，双扇平开防火门安装闭门器和顺序器，常开防火门须安装信号控制关闭和反馈装置。

七、外装修工程

1.外装修设计和做法索引见立面图及外墙详图。
2.外装修选用的各项材料其材质、规格、颜色等,均由施工单位提供样板,经建设和设计单位确认后封样，并据此验收。

八、内装修工程

1.内装修工程执行《建筑内部装修设计防火规范》,楼地面部分执行《建筑地面设计规范》,一般装修见室内装修做法表。
2.楼地面构造交接处和地坪高度变化处，除图中另有注明者外均位于齐平门扇开启面处。
3.凡设有地漏房间就应做防水层，图中未注明整个房间做坡度者，均在地漏周围1m范围做1%~2%坡度坡向地漏；有水房间的楼地面应低于相邻房间大于20mm或做挡水门槛，邻水内侧墙中楼地面上翻素混凝土挡水,高200mm,宽120mm，C20混凝土。
4.防静电、防震、防腐蚀、防爆、防辐射、防尘、屏蔽等特殊装修,做法详见相关图集。
5.内装修选用的各项材料，均由施工单位提供样板，经建设和设计单位确认后封样，并据此验收。

九、油漆涂料工程

1.室内装修所采用的油漆涂料见室内装修做法表。
2.外木(钢)门窗油漆选用__本__色__醇酸磁__漆，做法为__一底二度__；内木门窗油漆选用__本__色__醇酸磁__漆，做法为__一底二度__(含门套构造)。
3.楼梯平台护窗钢栏杆选用__银白__色__醇酸磁__漆，做法为__一底二度__(钢构件除锈后先刷防锈漆两道)。
4.木扶手油漆选用__本__色__醇酸磁__漆，做法为__一底二度__。
5.室内外露明金属件的油漆为刷防锈漆两道后，再做同室内外部位相同颜色的__调和__漆，做法为__一底二度__。
6.各种油漆涂料，均由施工单位提供样板，经建设和设计单位确认后封样，并据此验收。

十、建筑设备、设施工程

1.工程电梯设计，选型见电梯选型表，电梯对建筑技术要求见电梯图。
2.卫生洁具、成品隔断由建设单位与设计单位商定，并应与施工配合。
3.灯具、送回风口等影响美观的器具须经建设单位与设计单位确认样品后，方可批量加工。安装。

十一、其他施工中注意事项

1.图中所选用标准图中有对应结构工种的预埋件、预留洞本图所标注的各种留洞与预埋件与各工种密切配合后，确认无误方可施工。
2.两种材料的墙体交接处，应根据饰面材质在做饰面前加钉金属网或在施工中加贴玻璃丝网格布，防止裂缝。
3.预埋木砖及贴邻墙体的木质面均做防腐处理，露明铁件均做防锈处理。
4.楼板留洞待设备管线安装完毕后，用C20细石混凝土封堵密实；管道竖井每__隔__层进行封堵。
5.施工中应严格执行国家各项施工验收规范。

附注：
1.踢脚高度均为:120mm；
2.图中所注防水涂料均为:丙烯酸防水涂膜(2厚)；
3.卫生间板面低于相邻房间楼面标高30mm,淋浴部位四周墙做1.5厚丙烯酸防水涂膜防水层至窗顶上150mm；
4.所有窗台低于900mm的，均做1050mm高不锈钢护栏。

电 梯 选 型 表

名称	电梯载质量(kg)	额定速度(m/s)	停层	站数	提升高度(m)	台数	备注
载货电梯	2000	0.5	5	5	15.000	1	

门 窗 汇 总 表

类别	设计编号	洞口尺寸(mm)		樘数	采用标准图集及编号		备注
		宽	高		图集代号	编号	
门	M0721	700	2100	10	浙J2-93		板材采用实木门扇，框料需经防火浸渍剂处理
	M1221	1200	2100	1	浙J2-93		
	M1521	1500	2100	2	浙J2-93		
	乙级MFM1321	1300	2100	10	浙J23-95		乙级防火门
	乙级MFM1512	1500	2100	2	浙J23-95		
窗	C1			16	99浙J7		香槟色铝合金型材5厚白色浮珐玻璃
	C2			64	99浙J7		
	LTC0912	900	1200	5	99浙J7		
	LTC0918	900	1800	6	99浙J7		
	LTC1218	1200	1800	4	99浙J7		
	LTC2118	2100	1800	7	99浙J7		

室 内 、外 装 修 做 法 表

层数	部位/房间名称	楼地面 名称	楼地面 编号	踢脚 名称	踢脚 编号	内墙面 名称	内墙面 编号	顶棚 名称	顶棚 编号	备注
一层	车间	地面1	2000浙J37 (38/14)	踢1	2000浙J37 (10/34)	内墙1	浙85J801 (Y7/3)	顶棚1	浙85J801 (T3/12)	面层设缝 内墙涂料面,基层须细拉毛 顶棚涂料面
	卫生间	地面2	2000浙J37 (23/11)	踢2	2000浙J37 (9/34)					
二至五层	车间	楼面1	2000浙J37 (41/14)	踢1	2000浙J37 (10/34)	内墙1	浙85J801 (Y7/3)	顶棚1	浙85J801 (T3/12)	面层设缝 内墙涂料面,基层须细拉毛 顶棚涂料面
	卫生间	楼面2	2000浙J37 (33/12)	踢2	2000浙J37 (9/34)					
楼梯间		楼面1	2000浙J37 (41/14)	踢1	2000浙J37 (10/34)	内墙1	浙85J801 (Y7/3)	顶棚1	浙85J801 (T3/12)	楼梯踏面板须加设防滑条
室外基层		外墙涂料面： 15厚1:3水泥砂浆分层抹平 6厚1:2.5水泥砂浆细拉毛		外墙面砖面 15厚1:3水泥砂浆分层抹平 6厚1:2水泥砂浆粘贴层 内掺SN建筑黏结剂		花岗岩板面： 15厚1:3水泥砂浆分层抹平 6厚1:2水泥砂浆找平层 清理基层，墙、柱面布设ϕ6钢筋，用铜丝连接件 25~30厚1:2水泥砂浆分层灌浆，20厚花岗岩板面草酸擦净地板蜡擦光				
柱，墙基层		阳角部位：采用20厚1:1水泥砂浆护角，每边50mm宽，高2000mm，面层同同层其他面								
电梯井道，管道井基层		15厚1:3水泥砂浆分层抹平 6厚1:2水泥砂浆找平层								

单位出图专用章	执业资格专用章	XX市规划建筑设计院				工程名称	某厂房	工程号	
		审 定		设 计		项 目		日 期	
		审 核		计 算		图 名	建筑说明 门窗汇总表 室内、外装修做法表	图 别	建施
		项目负责		校 对				图 号	01

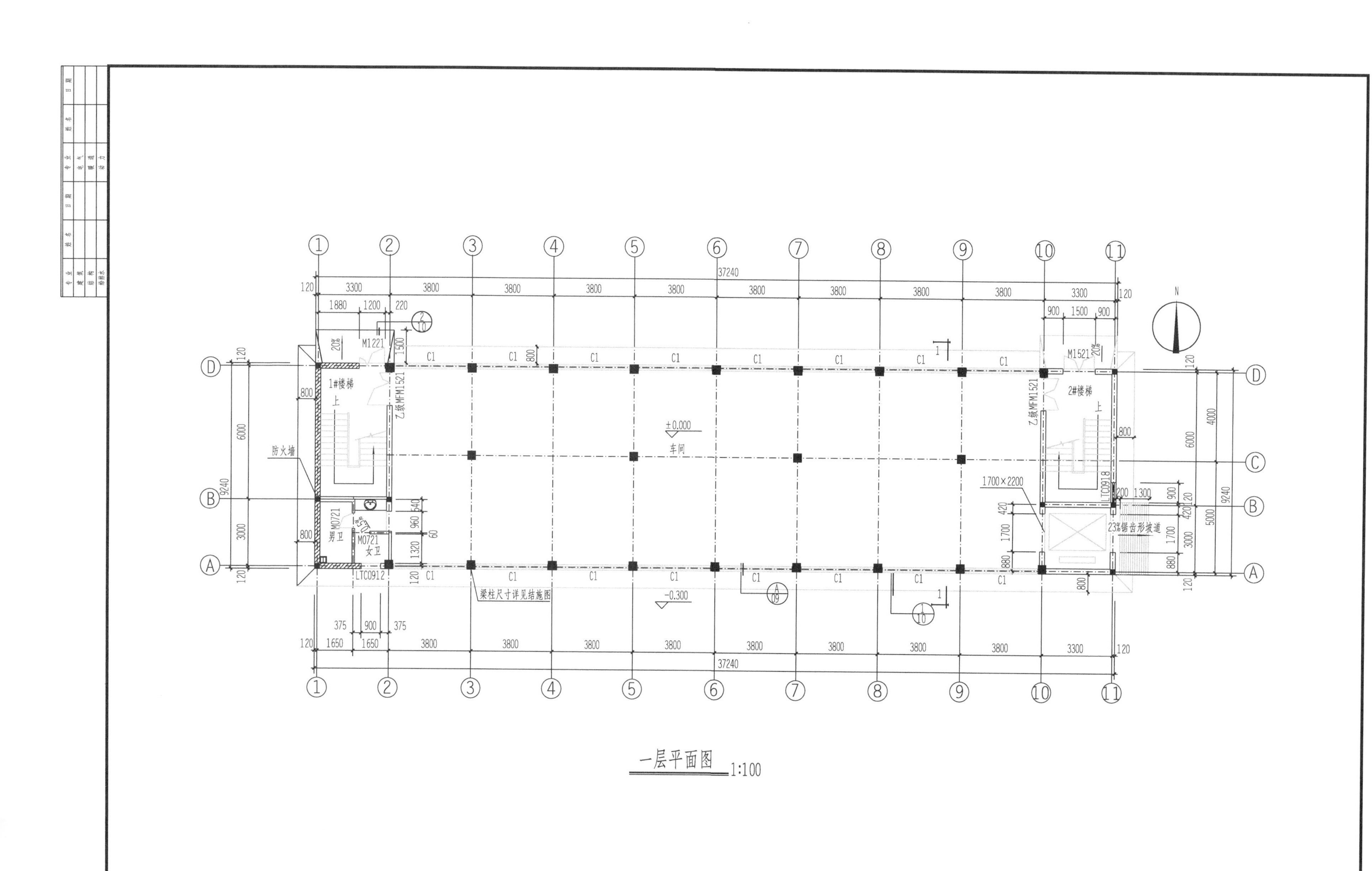

单位出图专用章	执业资格专用章	××市规划建筑设计院				工程名称	某厂房	工程号	
		审　定		设　计		项　目		日　期	
		审　核		计　算		图　名	一层平面图	图　别	建施
		项目负责		校　对				图　号	02

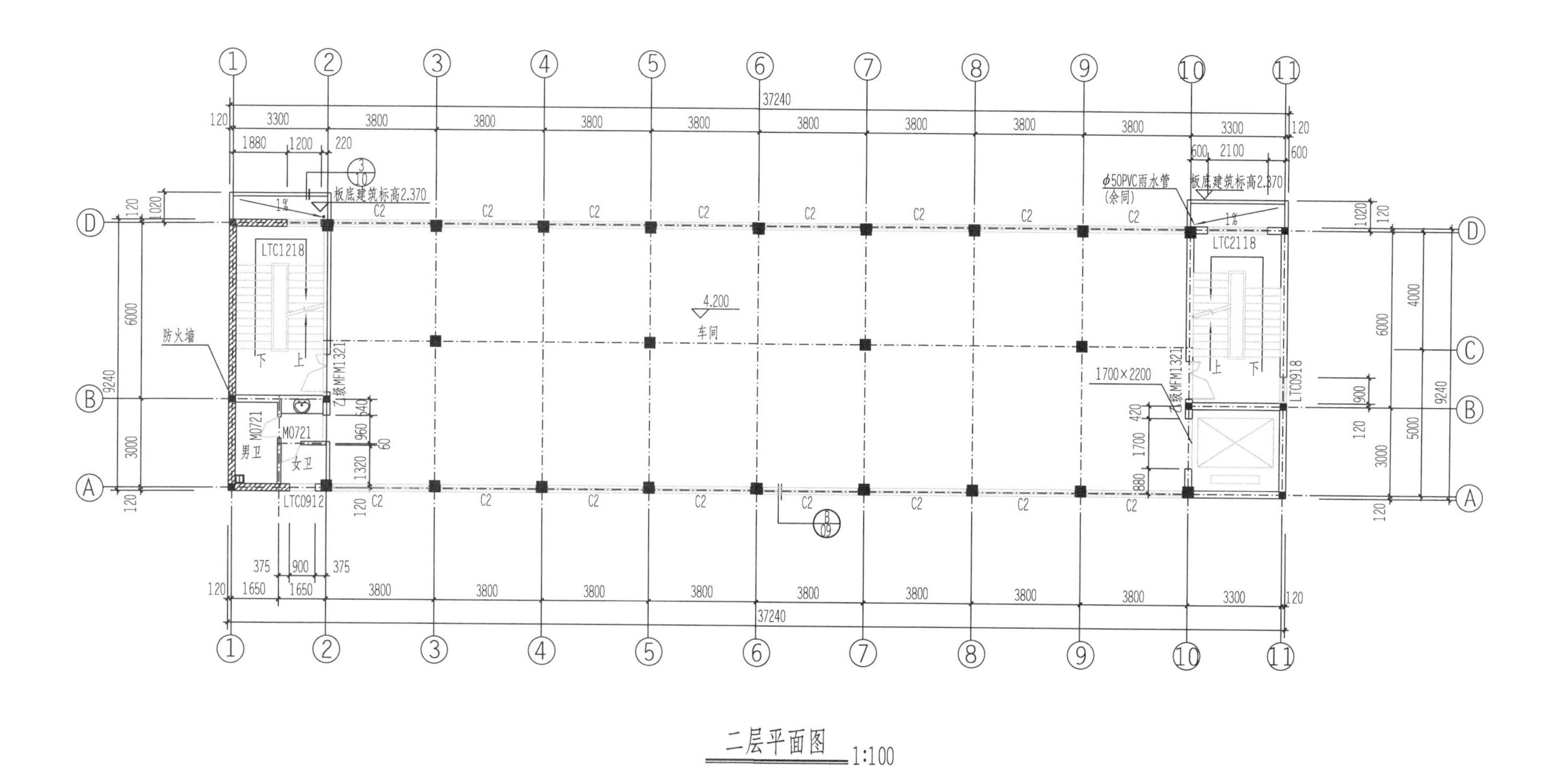

二层平面图 1:100

单位出图专用章	执业资格专用章	××市规划建筑设计院				工程名称	某厂房	工程号	
		审　定		设　计		项　目		日　期	
		审　核		计　算		图　名	二层平面图	图　别	建施
		项目负责		校　对				图　号	03

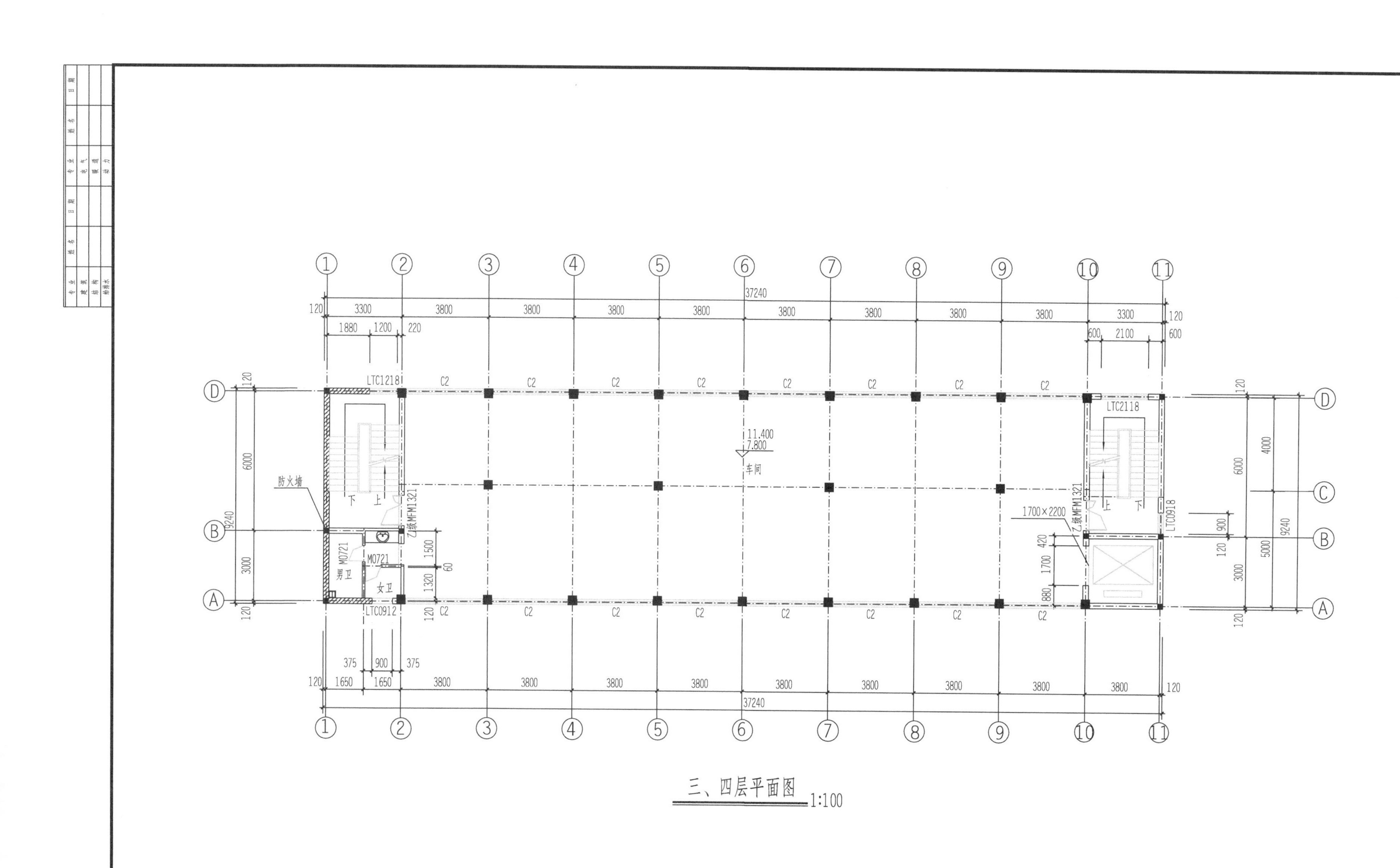

三、四层平面图 1:100

单位出图专用章	执业资格专用章	××市规划建筑设计院		工程名称	某厂房	工程号	
		审　定	设　计	项　目		日　期	
		审　核	计　算	图　名	三、四层平面图	图　别	建施
		项目负责	校　对			图　号	04

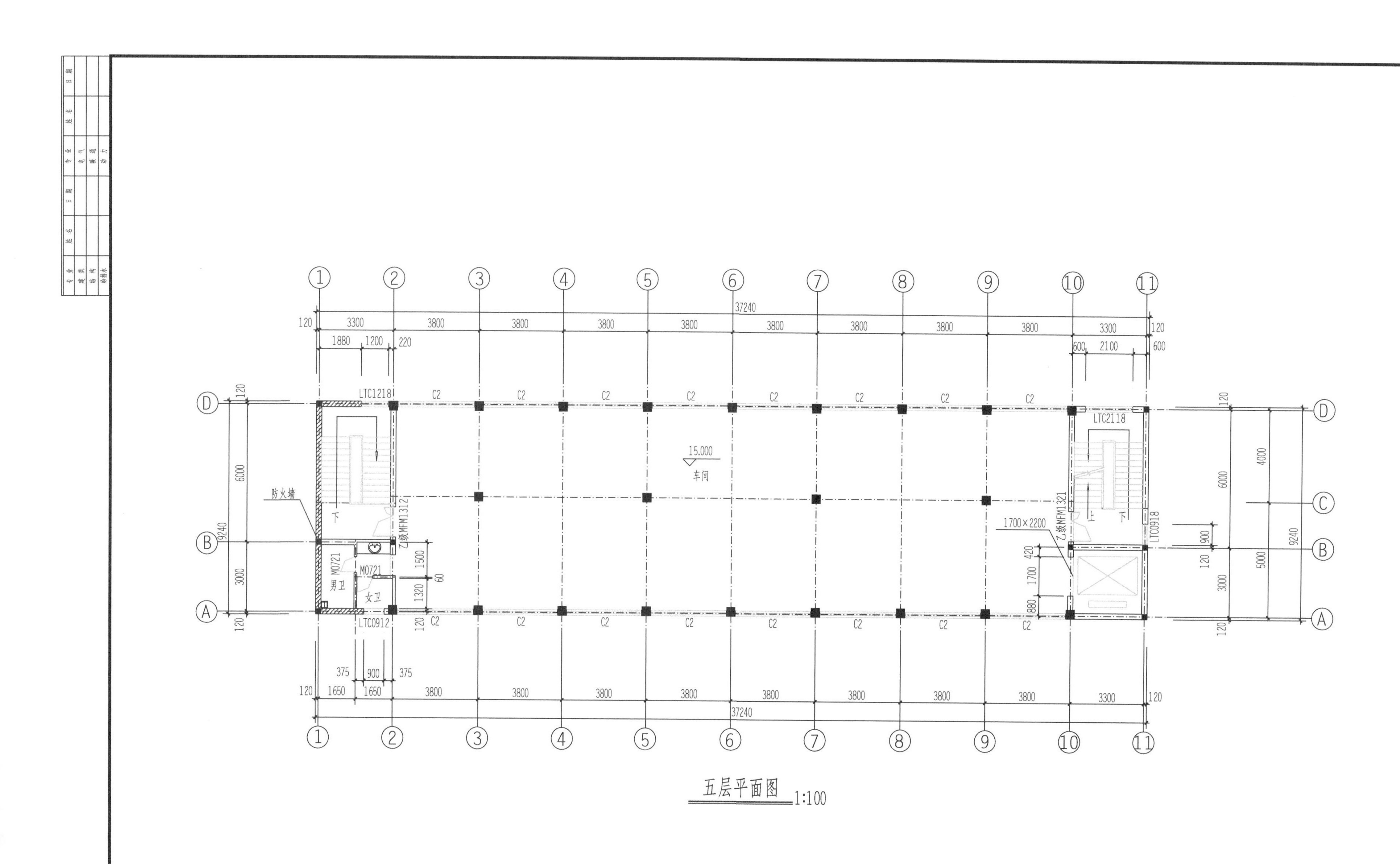

单位出图专用章	执业资格专用章	××市规划建筑设计院				工程名称	某厂房	工程号	
		审　定		设　计		项　目		日　期	
		审　核		计　算		图　名	五层平面图	图　别	建施
		项目负责		校　对				图　号	05

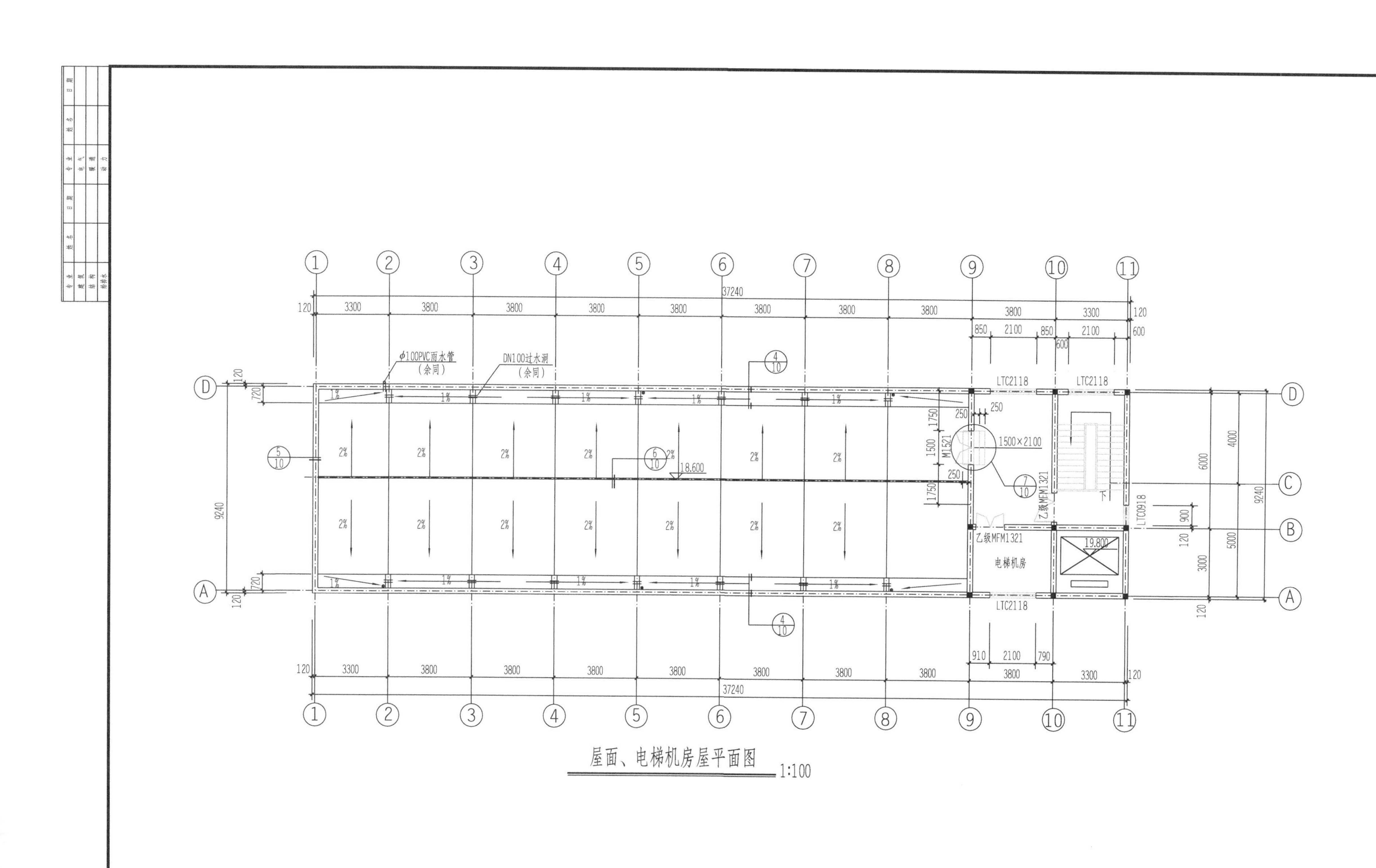

单位出图专用章	执业资格专用章	××市规划建筑设计院				工程名称	某厂房	工程号	
		审定		设计		项目		日期	
		审核		计算		图名	屋面、电梯机房层平面图	图别	建施
		项目负责		校对				图号	06

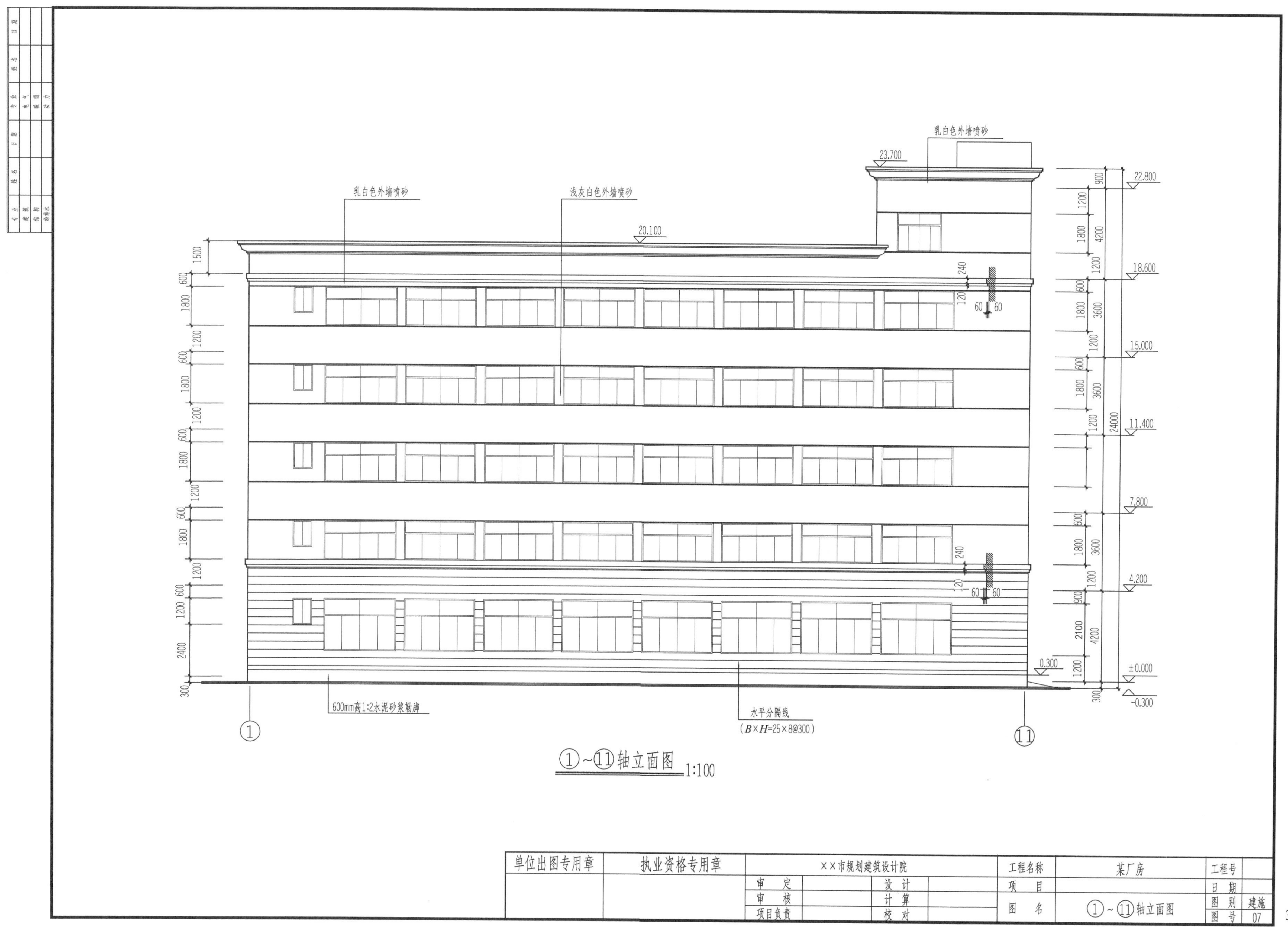

乳白色外墙喷砂
浅灰白色外墙喷砂
乳白色外墙喷砂
23.700
20.100
22.800
18.600
15.000
11.400
7.800
4.200
±0.000
-0.300
0.300
600mm高1:2水泥砂浆勒脚
水平分隔线
(B×H=25×8@300)
①~⑪轴立面图 1:100
单位出图专用章
执业资格专用章
××市规划建筑设计院
审定
审核
项目负责
设计
计算
校对
工程名称
某厂房
项目
图名
①~⑪轴立面图
工程号
日期
图别 建施
图号 07

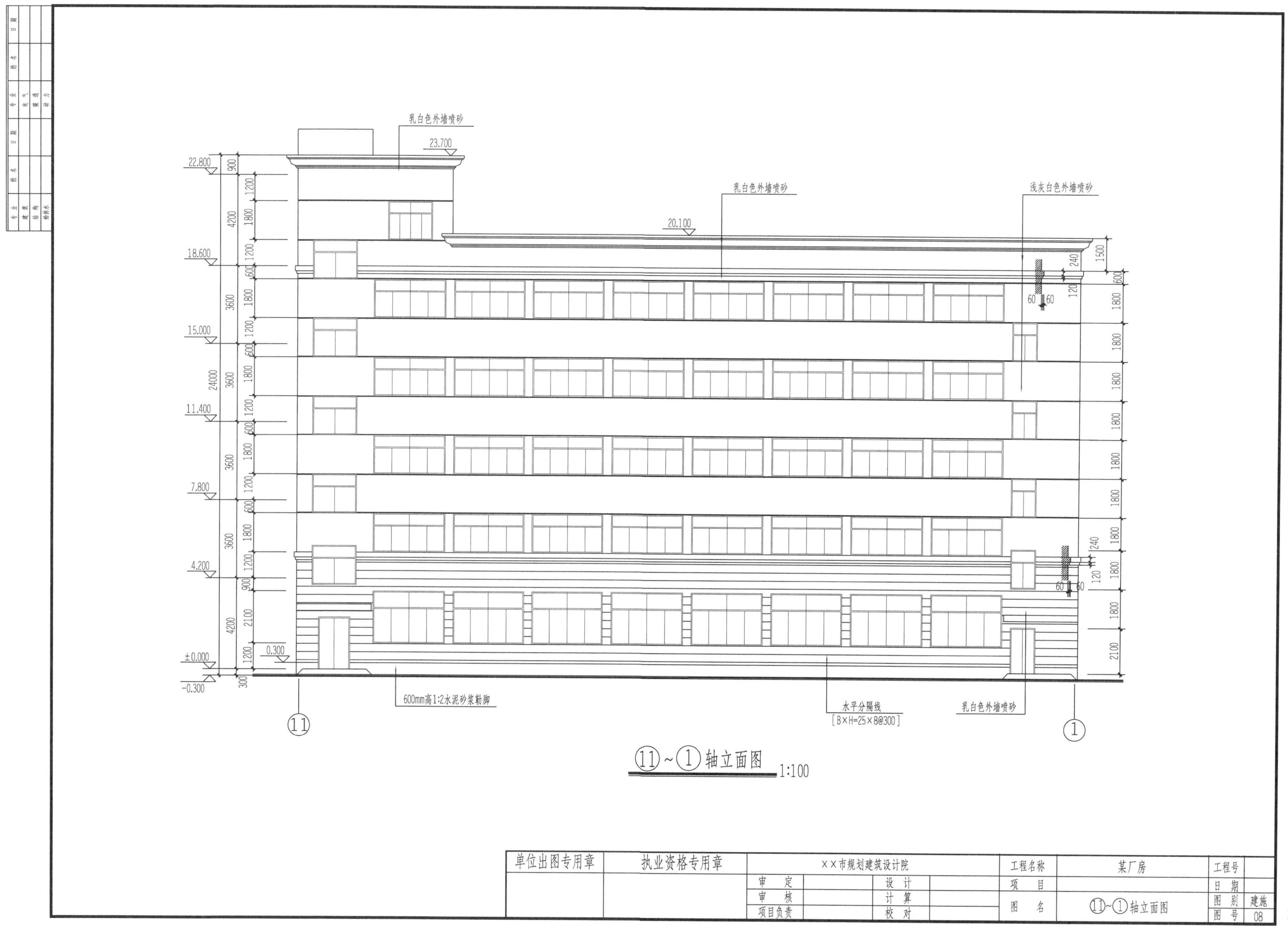
乳白色外墙喷砂
23.700
22.800
乳白色外墙喷砂
浅灰白色外墙喷砂
20.100
18.600
15.000
11.400
7.800
4.200
±0.000
-0.300
0.300
24000
600mm高1:2水泥砂浆勒脚
水平分隔线
[B×H=25×8@300]
乳白色外墙喷砂
⑪~①轴立面图 1:100
单位出图专用章
执业资格专用章
××市规划建筑设计院
审 定
审 核
项目负责
设 计
计 算
校 对
工程名称
某厂房
项 目
图 名
⑪~①轴立面图
工程号
日 期
图 别
建施
图 号
08

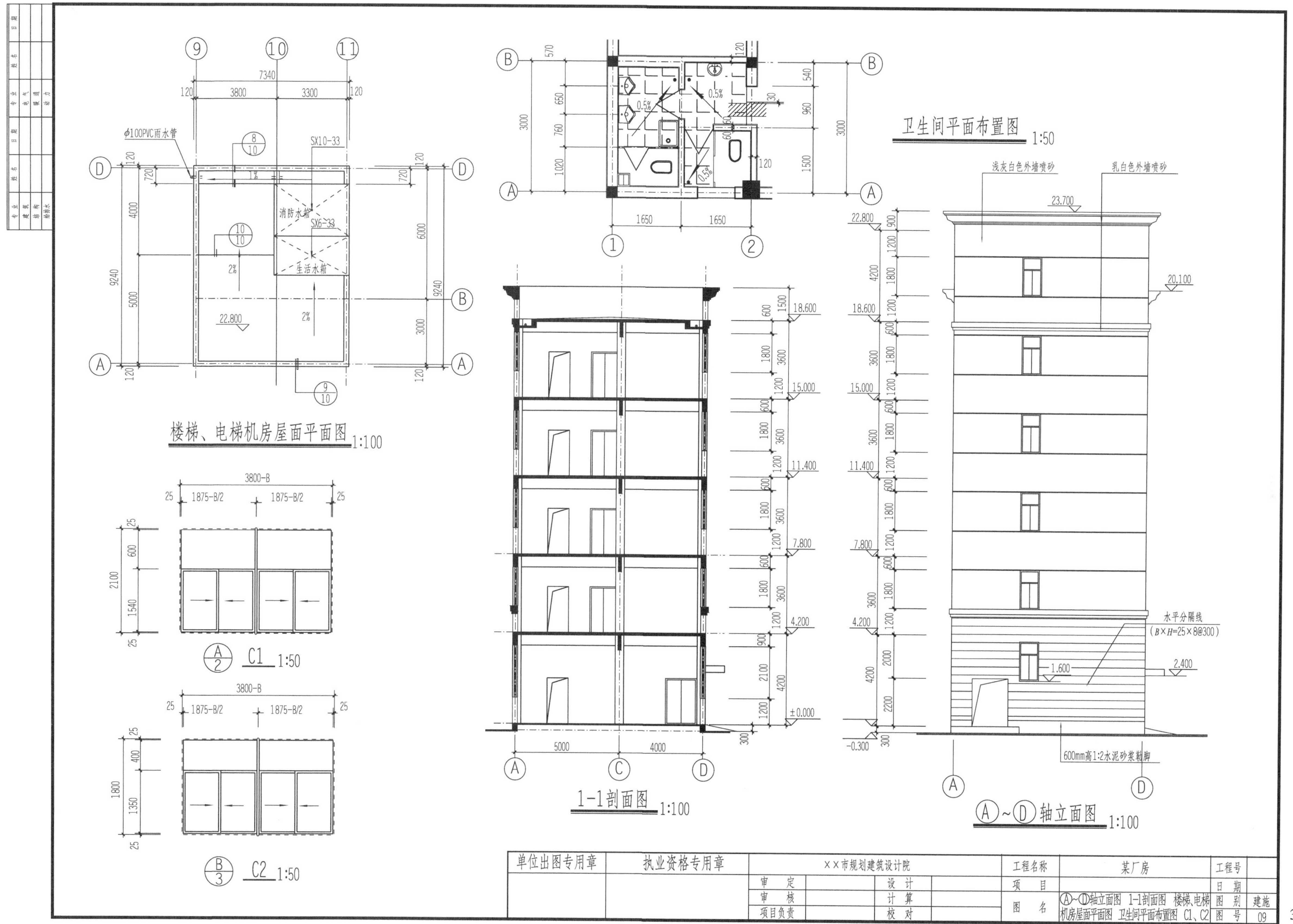

楼梯、电梯机房屋面平面图 1:100
φ100PVC雨水管
SX10-33
SX6-33
消防水箱
生活水箱
22.800
7340
3800
3300
9240
C1 1:50
C2 1:50
3800-B
1875-B/2
卫生间平面布置图 1:50
0.5%
1650
1-1剖面图 1:100
5000
4000
18.600
15.000
11.400
7.800
4.200
±0.000
-0.300
23.700
22.800
20.100
浅灰白色外墙喷砂
乳白色外墙喷砂
水平分隔线
(B×H=25×8@300)
2.400
1.600
600mm高1:2水泥砂浆勒脚
Ⓐ~Ⓓ轴立面图 1:100
单位出图专用章
执业资格专用章
××市规划建筑设计院
审定
审核
项目负责
设计
计算
校对
工程名称
某厂房
项目
图名
Ⓐ~Ⓓ轴立面图 1-1剖面图 楼梯、电梯机房屋面平面图 卫生间平面布置图 C1、C2
工程号
日期
图别 建施
图号 09

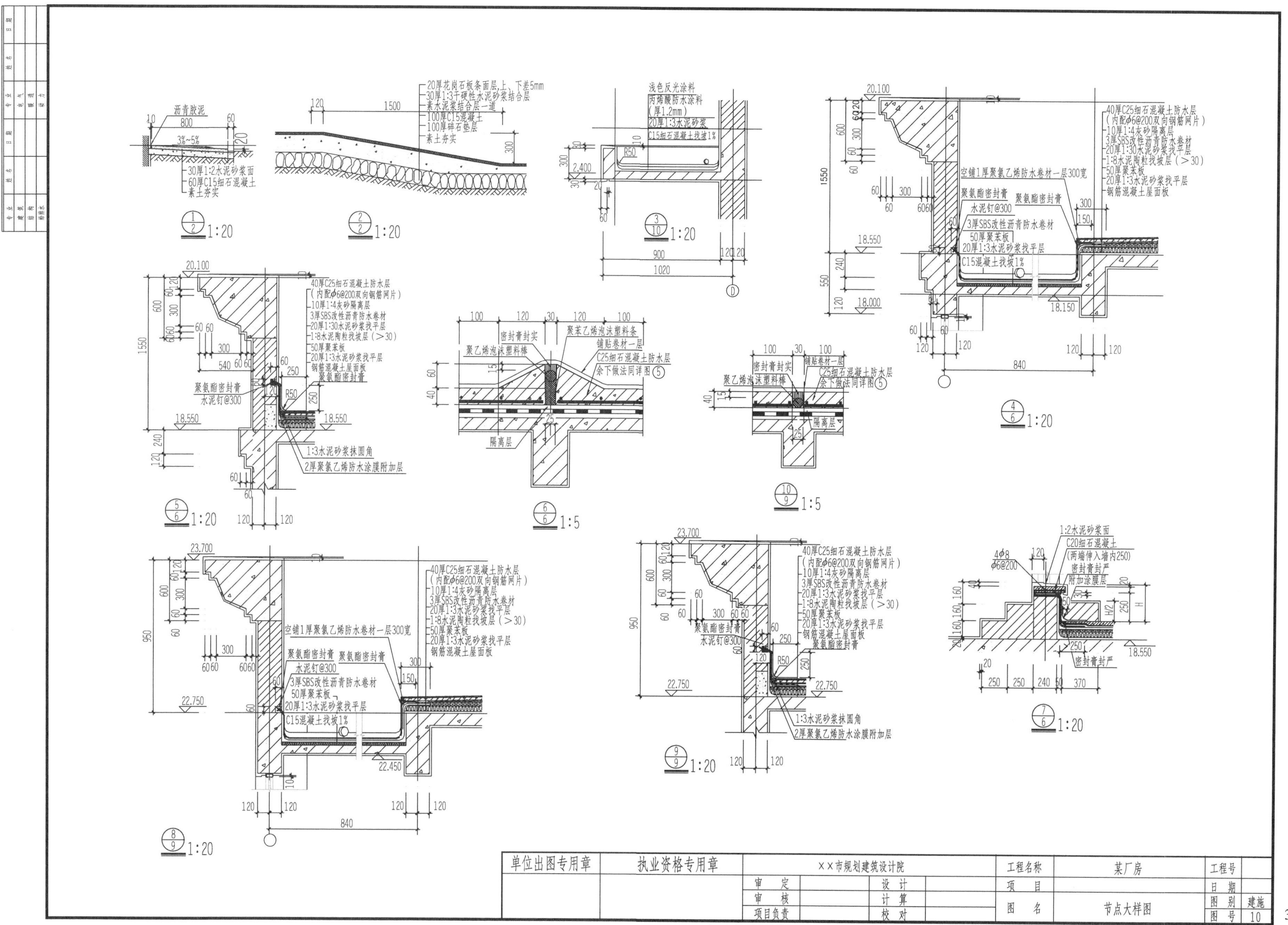

沥青胶泥
3%~5%
30厚1:2水泥砂浆面
60厚C15细石混凝土
素土夯实
1:20
20厚花岗石板条面层,上、下差5mm
30厚1:3干硬性水泥砂浆结合层
素水泥浆结合层一道
100厚C15混凝土
100厚碎石垫层
素土夯实
1:20
浅色反光涂料
丙烯酸防水涂料
(厚1.2mm)
20厚1:3水泥砂浆
C15细石混凝土找坡1%
1:20
40厚C25细石混凝土防水层
(内配φ6@200双向钢筋网片)
10厚1:4灰砂隔离层
3厚SBS改性沥青防水卷材
20厚1:30水泥砂浆找平层
1:8水泥陶粒找坡层(>30)
50厚聚苯板
20厚1:3水泥砂浆找平层
钢筋混凝土屋面板
空铺1厚聚氯乙烯防水卷材一层300宽
聚氨酯密封膏
水泥钉@300
3厚SBS改性沥青防水卷材
50厚聚苯板
20厚1:3水泥砂浆找平层
C15混凝土找坡1%
1:20
聚氨酯密封膏
水泥钉@300
1:3水泥砂浆抹圆角
2厚聚氯乙烯防水涂膜附加层
1:20
密封膏封实
聚苯乙烯泡沫塑料条
聚乙烯泡沫塑料棒
铺贴卷材一层
C25细石混凝土防水层
余下做法同详图⑤
隔离层
1:5
1:5
1:20
1:20
1:2水泥砂浆面
C20细石混凝土
(两端伸入墙内250)
密封膏封严
附加涂膜层
密封膏封严
1:20
1:20
单位出图专用章
执业资格专用章
××市规划建筑设计院
审定
审核
项目负责
设计
计算
校对
工程名称
某厂房
项目
图名
节点大样图
工程号
日期
图别
建施
图号
10

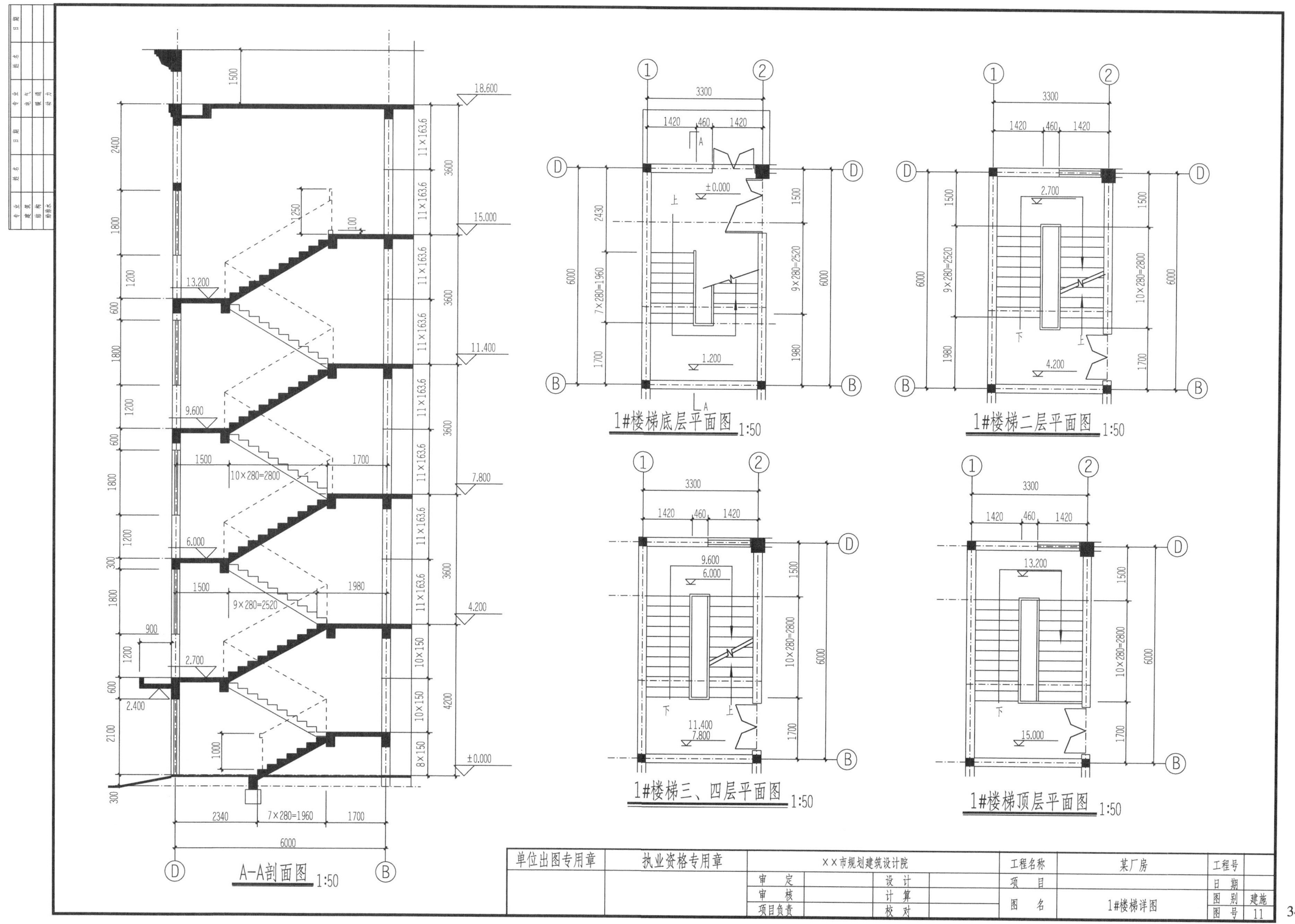

A-A剖面图 1:50
1#楼梯底层平面图 1:50
1#楼梯二层平面图 1:50
1#楼梯三、四层平面图 1:50
1#楼梯顶层平面图 1:50
单位出图专用章
执业资格专用章
××市规划建筑设计院
审 定
审 核
项目负责
设 计
计 算
校 对
工程名称
某厂房
项 目
图 名
1#楼梯详图
工程号
日 期
图 别
建施
图 号
11

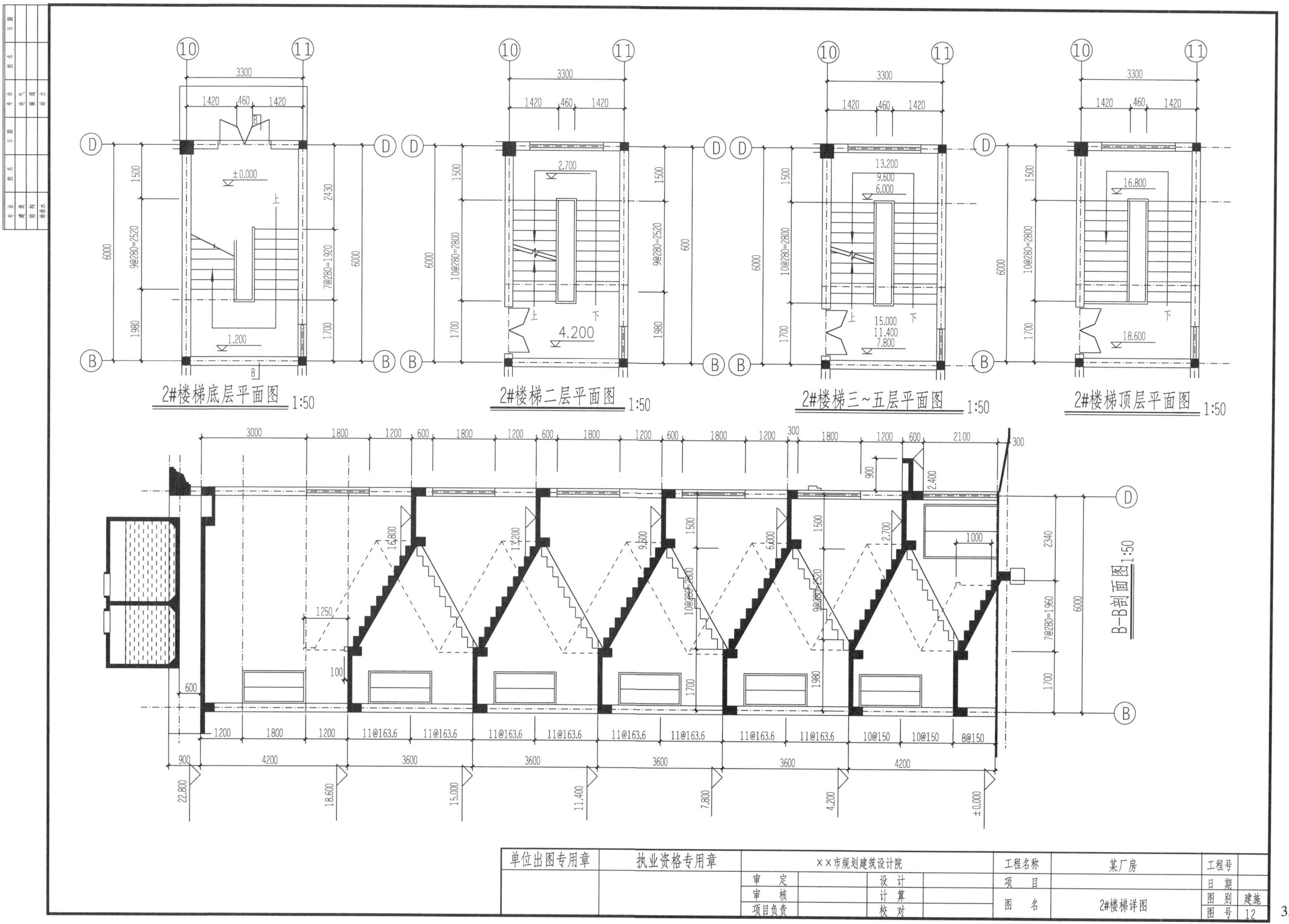
2#楼梯底层平面图 1:50
2#楼梯二层平面图 1:50
2#楼梯三～五层平面图 1:50
2#楼梯顶层平面图 1:50
B-B剖面图 1:50
单位出图专用章
执业资格专用章
××市规划建筑设计院
审定
审核
项目负责
设计
计算
校对
工程名称
某厂房
项目
图名
2#楼梯详图
工程号
日期
图别 建施
图号 12

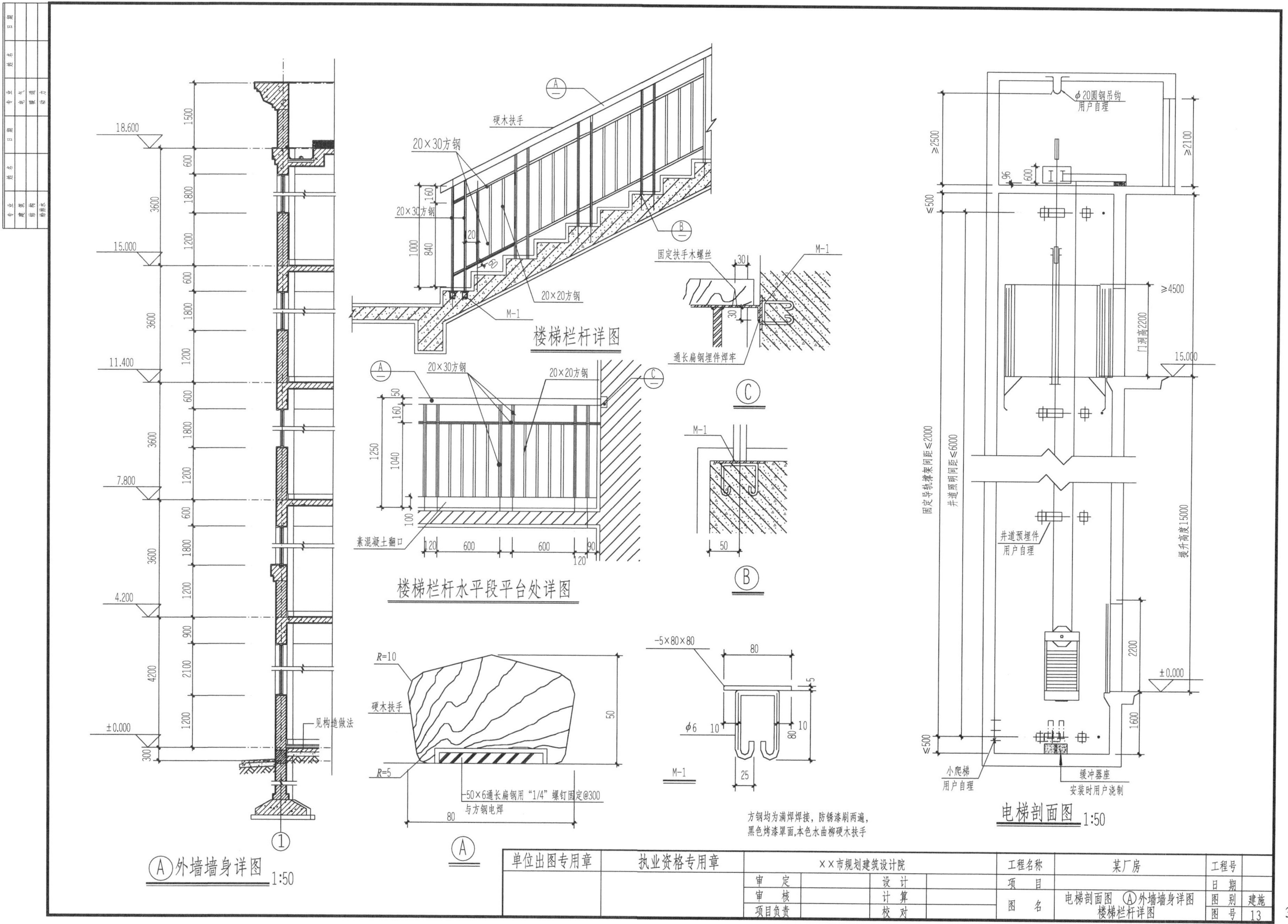

单位出图专用章	执业资格专用章	××市规划建筑设计院		工程名称	某厂房	工程号	
		审定	设计	项目		日期	
		审核	计算	图名	电梯剖面图 A外墙墙身详图 楼梯栏杆详图	图别	建施
		项目负责	校对			图号	13

(二)某厂房结构施工图

结构施工图图纸目录

图号	图纸名称
结施-01	结构设计总说明(一)
结施-02	结构设计总说明(二)
结施-03	结构设计总说明(三)
结施-04	柱、墙定位布置平面图
结施-05	基础平面布置图
结施-06	基础大样图
结施-07	柱配筋详图
结施-08	二层梁配筋图
结施-09	二层楼板配筋图
结施-10	三~五层梁配筋图
结施-11	三~五层楼板配筋图
结施-12	屋面层梁配筋图
结施-13	屋面板配筋图
结施-14	楼梯机房屋面层梁配筋图 楼梯机房屋面楼板配筋图
结施-15	1#楼梯剖面图 2#楼梯剖面图

单位出图专用章	执业资格专用章	××市规划建筑设计院				工程名称	某厂房	工程号	
		审定		设计		项目		日期	
		审核		计算		图名	图纸目录	图别	建施
		项目负责		校对				图号	

结构设计总说明

一、工程概况

某厂房,总建筑面积约为1788m²。

概况见下表:

项目	地上层数	地下层数	高度(m)	结构形式	基础类型	人防情况
某厂房	五层		15.050	框架	柱下独基	

二、建筑结构的安全等级及设计使用年限

概况见下表:

建筑结构的安全等级	设计使用年限	建筑抗震设防类别	地基基础设计等级
二级	五十年	无	丙级

三、自然条件

1.概况见下表:

基本风压	基本雪压	地面粗糙度	场地地震基本烈度	抗震设防烈度	建筑物场地土类别
W_0=0.35kN/m²	S_0=0.55kN/m²	B类	<6度	不设防	Ⅱ类

2.场地的工程地质及地下水条件:

(1)依据的岩土工程勘查报告为×××工程勘察院___年___月___日提供的《岩土工程勘察报告(详勘)》。

(2)地形地貌:

本工程场地地貌属丘,地形基本平坦,场地内无溶洞、坟墓;

场地上空无通信线、高压线通过,场地内无地下管线等障碍物,地形地貌简单。

(3)场地自上而下各土层的工程地质特征如下:

1: 素填土,厚度 0.20~1.10m;

2-1: 全风化泥质粉砂岩,厚度 0.13~0.93m;

2-2: 强风化泥质粉砂岩,厚度 0.33~1.98m;

2-3: 中风化泥质粉砂岩,厚度 0.55~2.15m。

(4)地下水:

场地内地下水主要为第四系孔隙潜水及风化基岩裂隙水;水位埋深为3.540~3.800m,该区地下水及地基土对混凝土无侵蚀作用。

(5)场地土类型及建筑场地类别:

场地土类型为中软土,建筑场地类别为Ⅱ类,非地震液化区。

(6)地基基础方案及结论:

本工程基础采用浅基持力层钢筋混凝土柱下独基,独基持力层为2-2强风化泥质粉砂岩,持力层地基承载力特征值为350kPa。

四、本工程相对标高±0.000相当于绝对标高 15.000 m

五、本工程设计遵循的标准、规范、规程和图集

1.《建筑结构可靠度设计统一标准》 (GB 50068—2001);

2.《建筑结构荷载规范》 (GB 50009—2001);

3.《混凝土结构设计规范》 (GB 50010—2002);

4.《建筑地基基础设计规范》 (GB 50007—2002);

5.《建筑桩基技术规范》 (JTG 94—2008);

6.《建筑地基处理技术规范》 (JGJ 79—2002);

7.《砌体结构设计规范》 (GB 50003—2001);

8.《钢筋混凝土连续梁和框架考虑内力重分布设计规范》 (CECS 51:93);

9.国家及地方的其他有关规范、规程及法律法规;

10.选用图集目录:

序号	图集名称	图集代号	备注
1	混凝土结构施工图平面整体表示方法制图规则和构造详图	03GL01-1	
2	钢筋混凝土过梁	03GL322-2	
3	钢筋混凝土水箱	2004浙S3	
4	多孔砖墙体结构构造	96SG612	

六、本工程设计计算所采用的计算程序

1.采用"多层建筑结构空间有限元分析与设计软件——SATWE"进行结构整体分析。

2.采用"土木工程地基基础计算机辅助设计系统——基础CAD"进行基础计算。

七、本工程活荷载取值

本工程设计均布活荷载取值依据建筑图中标明使用功能用途和《建筑结构荷载规范》(GB 50009—2001),以及业主和工艺特殊要求确定,在施工和实际使用过程中,不得任意更改。

单位: kN/m²

部位	二~五层楼面	楼梯	消防楼梯	电梯机房	上人平屋面	不上人坡屋面
荷载	4.0	3.5	3.5	7.0	2.0	0.55

八、地基基础

1.本工程地基基础设计等级为丙级。

2.本工程采用钢筋混凝土独立基础浅基方案,基坑采用放坡开挖局部支护,基础持力层为2-2强风化质粉砂岩,持力层地基承载力特征值为350kPa,基槽埋设深度暂定1.200m,基础超深部分用C15毛石混凝土当垫层。基槽开挖完毕后必须经有关单位进行基槽验收合格后方可进入下一道工序进行施工。基槽开始施工后,不得扰动地基的原有结构。

3.基槽底应保持水平,当基槽底面在同一轴线上有较大高差时,可采用台阶式处理,台阶的高宽比应小于1:2,并且台阶高度每级不得超过500mm,基础混凝土除设计需预留外应整体连续一次浇灌。

4.基础砌体两侧用20厚1:2防水水泥砂浆粉刷。

5.水、电管线需穿基础梁时,均应在基础梁上预留孔洞或预埋套管。

6.本工程防雷接地系统应按电气施工图要求实施。

九、主要结构材料:

1.钢筋:符号Φ为HPB235(q235)热轧钢筋,f_y=210N/mm²,f'_y=210N/mm²;

符号Φ为HRB335(20MnSi)热轧钢筋,f_y=300N/mm²,f'_y=300N/mm²;

符号Φ为HRB400(20MnSiv)热轧钢筋,f_y=360N/mm²,f'_y=360N/mm²。

注:普通钢筋的抗拉强度实测值与屈服强度的实测值的比值不应小于1.25;且钢筋的屈服强度实测值与强度标准值不应大于1.3。

2.焊条:E43系列用于焊接HPB235钢筋、Q235B钢板及型钢;

E50系列用于焊接HRB335钢筋;E55系列用于焊接HRB400钢筋。

3.混凝土:

项目名称	构件部位	混凝土强度等级	备注
某厂房	基础	C25	
	柱	C25	
	梁、板	C25	
	构件	C25	
	基础垫层	C15	
	圈梁、构造柱、现浇过梁	C25	
	标准构件		按标准图要求
	后浇带		采用高一级的膨胀混凝土

注:(1)本工程环境类别:地下部分及屋面、雨篷、檐沟钢筋混凝土的环境类别为二a类,其余均为一类。

(2)结构混凝土耐久性的基本要求之一。

环境类别		最大水灰比	最小水泥用量(kg/m³)	最低混凝土强度等级	最大氯离子含量(%)	最大碱含量(kg/m³)
一		0.65	225	C20	1.0	不限制
二	a	0.60	250	C25	0.3	3.0
	b	0.65	275	C30	0.2	3.0
三		0.50	300	C30	0.1	3.0

4.本工程耐火等级为二级,主要构件耐火极限见下表。

主要构件	多孔砖承重墙	钢筋混凝土柱	钢筋混凝土梁	钢筋混凝土楼板	楼梯
耐火极限	2.50h	2.50h	1.50h	1.00h	1.00h

5.建议电梯地坑采用FS型防水外加剂。外加剂供应方应提供详细的实验数据,实验数据必须符合国家对处加剂的要求。供应方还应提供详细的施工方案和施工要求,保证外加剂的正确使用。

6.施工时应严格控制水灰比,加强养护,采取合理的施工工序。

7.砌体:砌体工程施工质量控制等级为B级。

砌体工程施工方法如下表。

部位 / 标高 / 材料	基础砌体	承重墙、楼梯间墙及外围护墙体	框架填充内墙
	±0.000 以下	±0.000 以上	±0.000 以上
砖种类	实心黏土机制红砖	烧结黏土多孔砖	烧结黏土空心砖
砖强度等级	MU10	MU10	MU7.5
砂浆种类	水泥砂浆	水泥石灰混合砂浆	水泥石灰混合砂浆
砂浆强度	M7.5	M5.0	M5.0

注:(1)±0.000以下基础砖砌体两侧用20厚1:2防水水泥砂浆粉刷;

(2)防潮层:建筑墙身防潮层设于是-0.060处,做法为30厚1:2水泥砂浆加5%防水剂;

(3)烧结黏土多孔砖:圆孔直径≥22,孔洞率25%,且≤35%;

烧结黏土空心砖:砖块壁厚≥10mm,肋厚≥MM,孔洞率>35%;

砌体多孔砖施工应遵守《多孔砖砌体结构技术规范》(JGJ 137—2001)。

PK型烧结多孔砖砌体采用一顺一顶砌法。

8.型钢、钢板、钢管:Q235-B

十、钢筋混凝土结构构造

本工程混凝土主体结构为框架结构,所在地区为非抗震区,抗震不设防。

本工程采用国家标准图《混凝土结构施工图平面整体表示方法制图规则和构造详图(03G101—1)》的表示方法。施工图中未注明的构造要求应按照标准图的有关要求执行。

1.主筋的混凝土保护层厚度:

基础地梁: 40mm (有防水要求改为50mm)

梁: 25mm (环境类别为二a类要求时改为30mm)

板: 15mm (环境类别为二a类要求时改为20mm)

柱: 30mm

注:(1)各部分主筋混凝土保护层厚度同时应满足不小于钢筋直径的要求;

(2)柱梁混凝土保护层厚度大于40mm时,在柱梁混凝土保护层厚度中间增加4@200×200钢筋网片。

2.钢筋接头形式及要求:

(1)框架梁、框架柱主筋采用直螺纹机械连接接头,其余构件当受力钢筋连接接头直径≥22mm时,应采用直螺纹机械连接接头;当受力钢筋直径<22mm时,可采用绑扎连接接头。

(2)接头位置宜设置在受力较小处,在同一要钢筋上宜少设接头。

(3)受力钢筋接头的位置应相互错开,当采用机械接头时,在任一35 d且不小于500mm区段内,以及当采用绑扎搭接接头时,在任一1.3倍搭接长度的区段内,有接头的受力钢筋截面面积占受力钢筋总截面面积的百分率应符合下表要求:

接头形式	受拉区接头数量	受压区接头数量
机械连接	50	不限
绑扎连接	25	50

3.纵向钢筋的锚固长度、搭接长度:

(1)非抗震设计的普通钢筋的受接锚固长度l_a

钢筋种类 / 钢筋直径(mm) / 混凝土	C20		C25		C30	
	$d\leq25$	$d>25$	$d\leq25$	$d>25$	$d\leq25$	$d>25$
HPB235	$31d$	—	$27d$	—	$24d$	—
HRB335	$39d$	$42d$	$34d$	$37d$	$30d$	$33d$
HRB400 RRB400	$46d$	$51d$	$40d$	$44d$	$36d$	$39d$

注:a.按上表计算的锚固长度l_a小于250(300)时,按250(300)采用;

b.采用环氧树脂涂层钢筋时,其锚固长度乘以修正系数1.25;

c.当钢筋在施工中易受扰动(如滑模施工)时,乘以修正系数1.1。

(2)纵向钢筋的搭接长度l_l

纵向钢筋的搭接接头百分率	≤25	50	100
纵向受接钢筋的搭接长度	$1.2l_a$	$1.4l_a$	$1.6l_a$
纵向受压钢筋的搭接长度	$0.85l_a$	$1.0l_a$	$1.13l_a$

受拉钢筋搭接长度不应小于300mm,受压钢筋搭接长度不应小于200。

(3)梁的上部钢筋在跨中搭接,搭接长度为l_a且不小于300;下部钢筋在支座处搭接,伸入支座l_a并伸至梁(柱)中心线。

4.现浇钢筋混凝土板:

除具体施工图中有特别规定者外,现浇钢筋混凝土板的施工应符合以下要求;

(1)板的底部钢筋伸入支座长度应≥15d,且应伸入到支座中心线。

(2)板的边支座和中间支座板顶标高不同时,负筋在梁或墙内的锚固应满足受拉钢筋最小锚固长度l_a。

单位出图专用章	执业资格专用章	××市规划建筑设计院				工程名称	某厂房	工程号	
		审定		设计		项目		日期	
		审核		计算		图名	结构设计总说明(一)	图别	结施
		项目负责		校对				图号	01

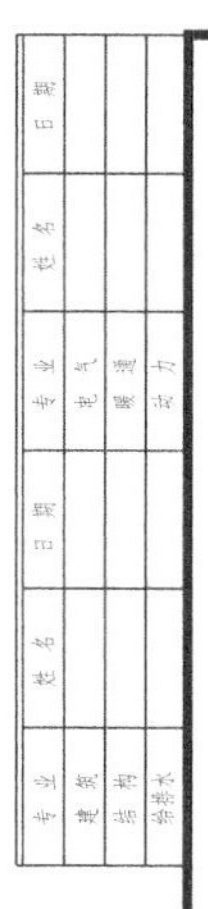

(3)双向板的底部钢筋，短跨钢筋置于下排，长跨钢筋置于上排。
(4)当板底与梁底平时，板的下部钢筋伸入梁内须弯折后置于梁的下部纵向钢筋之上。
(5)板上孔洞应预留，一般结构平面中只表示出洞口尺寸≥300mm的孔洞，施工时各工种必须根据各专业图纸配合土建预留全部孔洞，不得后凿。当孔洞尺寸≤300mm时，洞边不再另加钢筋，板内外钢筋由洞边绕过，不得截断，见图一。当洞口尺＞300mm时，应设洞边加筋，按平面图示出的要求施工。当平面图未交代时，一般按图二要求。加筋的长度为单向板受力方向或以向板的两个方向沿跨度通长，并锚入支座＞5d，且应伸入到支座中心线。单向板非受力方向的洞口加筋长度为洞口宽加两侧各40d，且应放在受力钢筋之上。

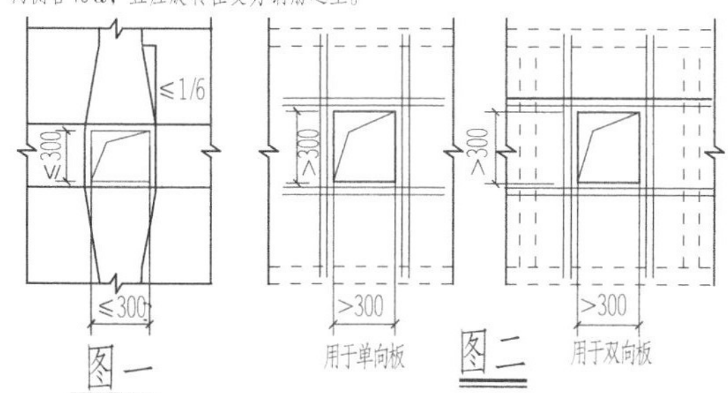

图一　图二

(6)图中注明的后浇板，当注明配筋时，钢筋不断；未注明配筋时，均双向配ϕ8@150置于板底，待设备安装完毕后，再用同强度等级的混凝土浇筑，板厚同周围板。
(7)板内分布钢筋，除注明者外见下表：

楼板厚度（mm）	100~140	150~170	180~200	200~220	230~250
分布钢筋	ϕ8@200	ϕ8@150	ϕ10@250	ϕ10@200	ϕ12@200

(8)对于外露的现浇钢筋混凝土女儿墙、挂板、栏板、檐口等构件，当其水平直线长度超过12m时，应按图三设置伸缩缝。伸缩缝间距≤12m。

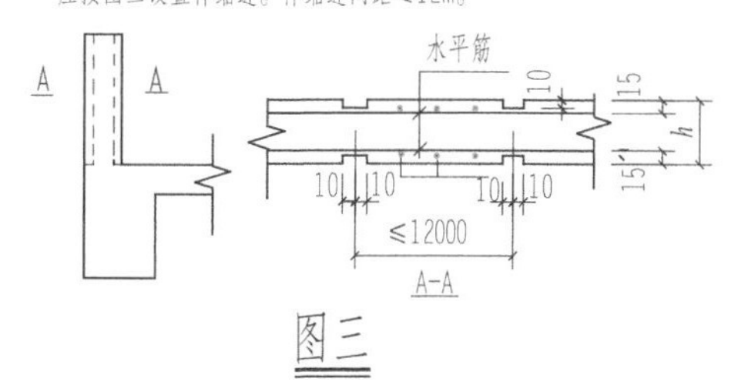

图三

(9)楼板上后砌隔墙的位置应严格遵守建筑施工图，不可随意砌筑。
(10)对短向跨度≥3.6m的板，其模板应起拱，起拱高度为跨度的0.3%。
(11)对短向跨度≥3.6m的板，其四周角应设5根ϕ10@200放射负筋，长度取该板对角线长度的1/4，以防止板四角产生切角裂缝。

5.钢筋混凝土梁：
梁、次梁的设计说明详见《混凝土结构施工图平面整体表示方法制图规则和构造详图03G101-1》，必须按图集规定施作。
(1)梁内箍筋除单肢箍外，其余采用封闭形式，并做成135°，纵向钢筋为多排时，应增加直线段，弯钩在两排或三排钢筋以下弯折。梁抗扭时，上下主钢筋锚固长度按钢筋的受拉锚固度l_a锚固，箍筋按抗扭做；箍筋的末端应做成135°弯钩，按搭接长度搭接，弯钩端头平直段长度≥10d（d为箍筋直径），或参结施02图十七。
(2)梁内第一根箍筋距柱边或梁边50mm起。
(3)主梁内在次梁作用处，箍筋应通布置，凡未在次梁两侧注明箍筋者，均在次梁两侧各设3组箍筋，箍筋肢数、直径同梁箍筋，间距50mm。次梁吊筋在梁配筋图中表示。
(4)主次梁高度相同时，次梁的下部纵向钢筋应置于主梁下部纵向钢筋之上。
(5)梁的纵向钢筋需要设置接头时，底部钢筋应在距支座1/3跨度范围内接头，上部钢筋应在跨中1/3跨度范围内接头。同一接头范围内的接头数量不应超过总钢筋数量的50%。
(6)在梁跨中开不大于150的洞，在具体设计中未说明做法时，洞的位置应在梁跨中的2/3范围内，梁高的中间1/3范围内。洞边及洞上下的配筋见图四。

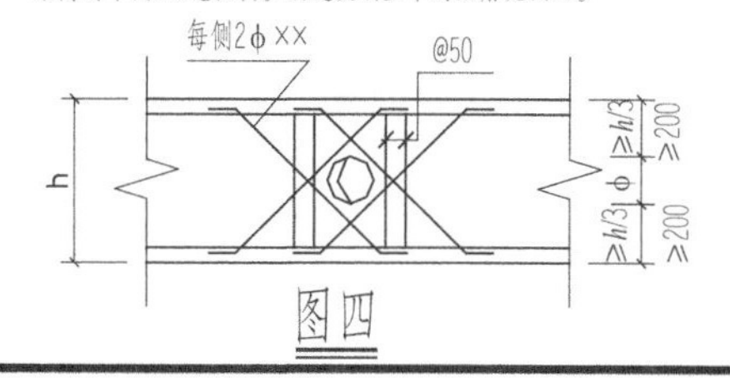

图四

(7)梁跨度大于或等于4m时，模板按跨度的0.2%起拱；悬臂梁按悬臂长度的0.4%起拱。起拱高度不小于20mm。
(8)楼梯休息平台梁与框架下梁用短柱连接，短柱配筋同GZ，且楼梯休息平台板下无梁处增加现浇板垫，板垫配筋同QL，见图五。

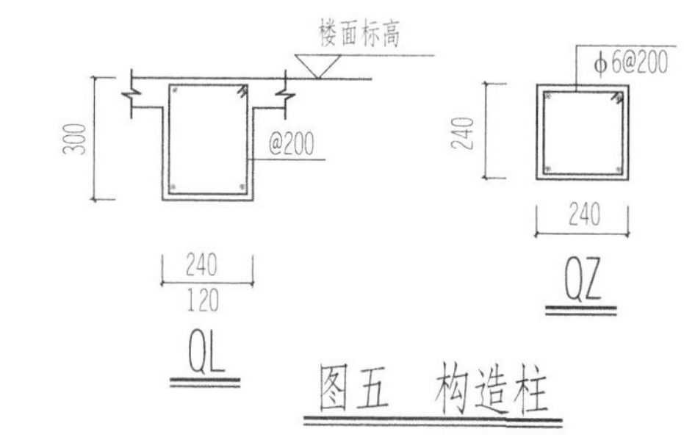

图五　构造柱

6.钢筋混凝土柱：
(1)柱子箍筋，除拉结钢筋外均采用封闭形式，并做成135°弯钩，直钩长度为10d，当柱中全部纵向钢筋的配筋超过3%时，箍筋应焊成封闭环式。
(2)柱应按建筑施图中填充墙的位置预留拉结筋。
(3)柱与现浇过梁、圈梁连接处，在柱内应预留插铁，插铁伸出柱外皮长度为1.2l_a，锚入柱内长度为l_a。
(4)女儿墙均设置240×240构造柱，柱内配4ϕ14主筋，箍筋ϕ6@200构造柱每隔4.00m设置一个，女儿墙顶部设置360×120钢筋混凝土压顶梁，梁内配主筋4ϕ10，箍筋ϕ6@200。

7.当柱混凝土强度等级高于梁混凝土一个等级时，梁柱节点处混凝土可随梁混凝土强度等级浇筑。当柱混凝土强度等级高于梁混凝土两个等级时，梁柱节点处混凝土应按柱混凝土强度等级浇筑。此时，应先浇筑柱的高等级混凝土，然后再浇筑梁的低等级混凝土，也可以同时浇注，但应特别注意，不应使低等级混凝土扩散到高等级混凝土的结构部位中去，以确保高强混凝土结构质量。
柱高等级混凝土浇筑范围见图六。

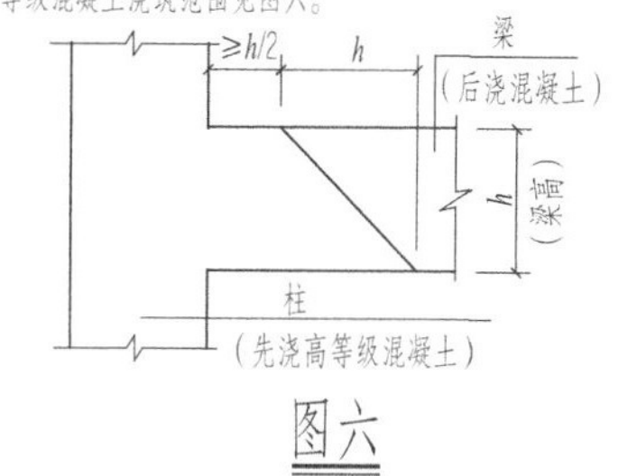

图六

8.填充墙：
(1)填充墙的材料、平面位置见建筑图，不得随意更改。
(2)当首层填充墙下无基础梁或结构梁板时，墙下应做基础，基础做法详见图七。

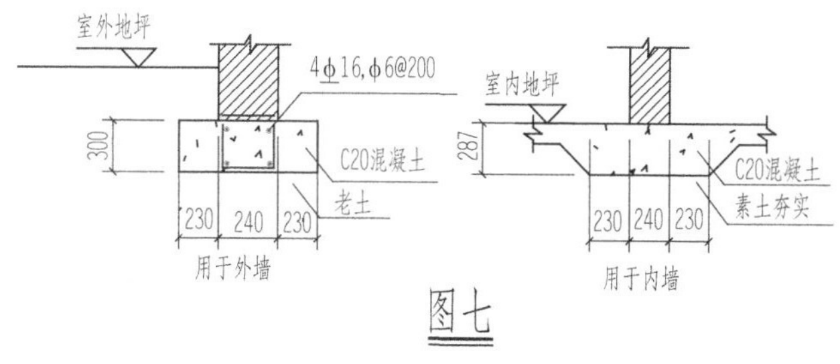

图七

(3)砌体填充墙应沿墙体高度每隔500mm设2ϕ6拉筋，拉筋与主体结构的拉做法详见标准图集。墙板构造及与主体结构的拉接做法详见各墙板的相应构造图集，或参结施02图十三。
(4)当砌体填充墙长度大于层高2倍时，应按建施图表示的位置设置钢筋混凝土构造柱，构造柱配筋见图八，构造柱上下端楼层处400mm高度范围内，箍筋间距加密到间距100。

构造柱与楼面相交处在施工楼面时应留出相应插筋，见图九。构造柱钢筋绑完后，应先砌墙，后浇筑混凝土，在构造柱处，墙体中应留好拉结筋。浇筑构造柱混凝土前，应将柱根处杂物清理，并用压力水，冲洗。然后才能浇筑混凝土。

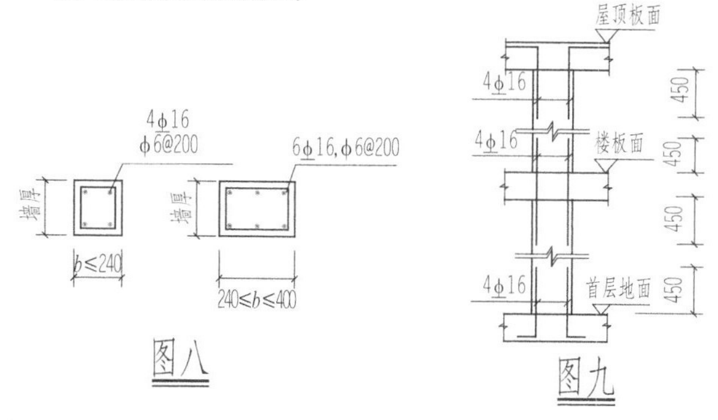

图八　图九

(5)填充墙应在主体结构施工完毕后，由上而下逐层砌筑，或将填充墙砌筑到梁、板底附近，最后再由上而下按下述(9)条要求完成。
(6)填充墙洞口过梁可根据建施图纸的洞口尺寸按《钢筋混凝土过梁（烧结多孔砖砌体）》（03G322—2）选用，荷载按一级取用，或参结施03图十八。当洞口紧贴柱或钢筋混凝土墙时，过梁改为现浇。施工主体结构时，应按相应的梁配筋，在柱（墙）内预留插筋，见图十。现浇过梁截面、配筋可按下表形式给出：

填充墙洞顶过梁表

洞口净跨L_0	L_0<1000	1000≤L_0<1500	1500≤L_0<2100	2100≤L_0<2700	2700≤L_0<3000	3000≤L_0<3600
梁高h	120	120	180	200	250	300
支座长度a	240	240	240	370	370	370
②	2ϕ10	2ϕ10	2ϕ10	2ϕ2	2ϕ12	2ϕ12
①	2ϕ0	2ϕ12	2ϕ14	3ϕ14	3ϕ16	3ϕ16
③	ϕ6@200	ϕ6@200	ϕ6@200	ϕ6@200	ϕ6@150	ϕ6@150

(7)洞顶离梁底距离小于混凝土过梁高度时，采用与洞浇的下挂板替代过梁，见图十一。

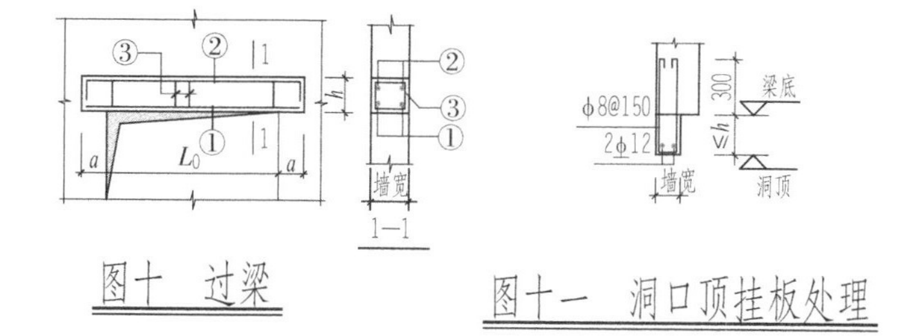

图十　过梁　　图十一　洞口顶挂板处理

(8)当砌体填充墙高度大于4m时，应设钢筋混凝土圈梁。做法为：一内墙门洞上设一道，兼作过梁，外墙窗及窗顶处各设一道。内墙圈梁宽度同墙厚，高度120mm。外墙圈梁宽度见建筑墙身剖面图，高度180mm。圈梁宽度b≤240mm时，配筋上下各2ϕ12，ϕ6@200箍；b＞240mm时，配筋上下各2ϕ14，ϕ6@200箍。圈梁兼作过梁时，应在洞口上方按过梁要求确实截面并另加钢筋。
(9)填充墙砌至板、梁底附近后，应待砌体沉实后再用斜砌法把下部砌体与上部板、梁间用砌块逐块敲紧填实，构造柱顶采用于硬性混凝土捻实。参见图十二。

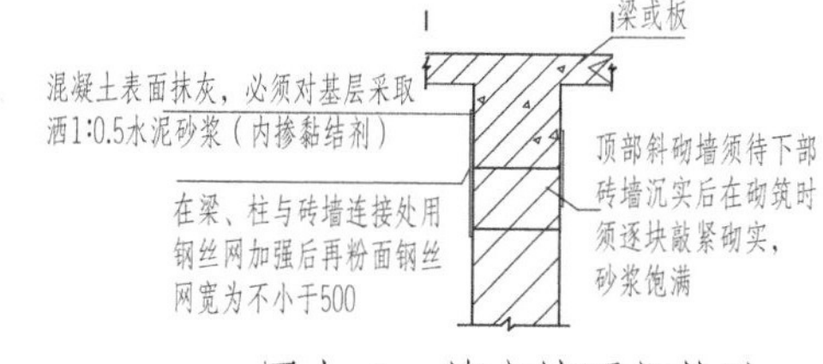

图十二　填充墙顶部构造

单位出图专用章	执业资格专用章	××市规划建筑设计院				工程名称	某厂房	工程号	
		审　定		设　计		项　目		日　期	
		审　核		计　算		图　名	结构设计总说明(二)	图　别	结施
		项目负责		校　对				图　号	02

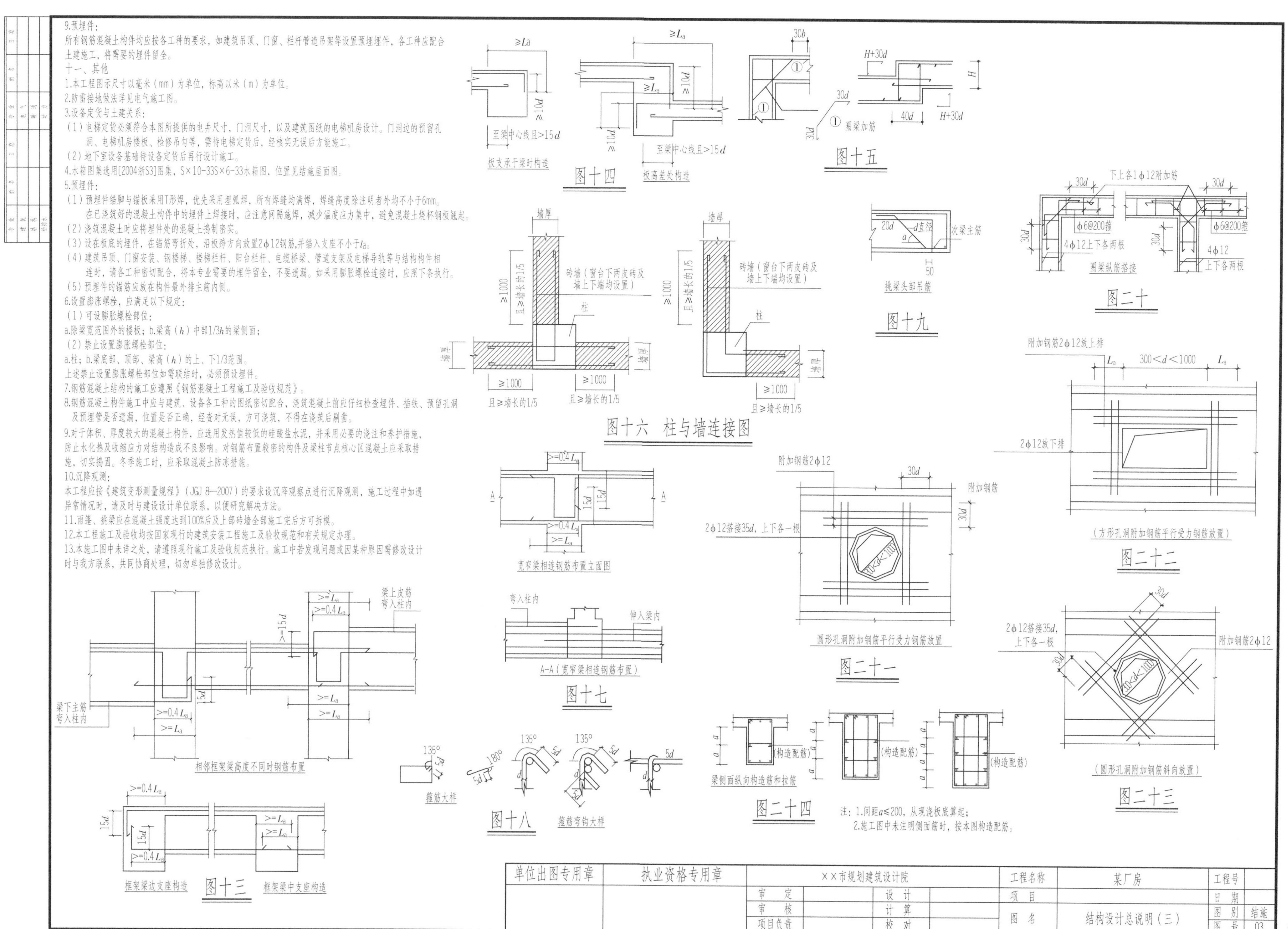

9.预埋件：
所有钢筋混凝土构件均应按各工种的要求，如建筑吊顶、门窗、栏杆管道吊架等设置预埋埋件，各工种应配合土建施工，将需要的埋件留全。
十一、其他
1.本工程图示尺寸以毫米（mm）为单位，标高以米（m）为单位。
2.防雷接地做法详见电气施工图。
3.设备定货与土建关系：
（1）电梯定货必须符合本图所提供的电井尺寸，门洞尺寸，以及建筑图纸的电梯机房设计。门洞边的预留孔洞、电梯机房楼板、检修吊勾等，需待电梯定货后，经核实无误后方能施工。
（2）地下室设备基础待设备定货后再行设计施工。
4.水箱图集选用[2004浙S3]图集，S×10-33S×6-33水箱图，位置见结施屋面图。
5.预埋件：
（1）预埋件锚脚与锚板采用T形焊，优先采用埋弧焊，所有焊缝均满焊，焊缝高度除注明者外均不小于6mm。在已浇筑好的混凝土构件中的埋件上焊接时，应注意间隔施焊，减少温度应力集中，避免混凝土烧杯钢板翘起。
（2）浇筑混凝土时应将埋件处的混凝土捣制密实。
（3）设在板底的埋件，在锚筋弯折处，沿板跨方向放置2φ12钢筋，并锚入支座不小于l_a。
（4）建筑吊顶、门窗安装、钢楼梯、楼梯栏杆、阳台栏杆、电缆桥梁、管道支架及电梯导轨等与结构构件相连时，请各工种密切配合，将本专业需要的埋件留全，不要遗漏。如采用膨胀螺栓连接时，应照下条执行。
（5）预埋件的锚筋应放在构件最外排主筋内侧。
6.设置膨胀螺栓，应满足以下规定：
（1）可设膨胀螺栓部位：
a.除梁宽范围外的楼板；b.梁高（h）中部1/3h的梁侧面；
（2）禁止设置膨胀螺栓部位：
a.柱；b.梁底部、顶部、梁高（h）的上、下1/3范围。
上述禁止设置膨胀螺栓部位如需联结时，必须预设埋件。
7.钢筋混凝土结构的施工应遵照《钢筋混凝土工程施工及验收规范》。
8.钢筋混凝土构件施工中应与建筑、设备各工种的图纸密切配合，浇筑混凝土前应仔细检查埋件、插铁、预留孔洞及预埋管是否遗漏，位置是否正确，经查对无误，方可浇筑，不得在浇筑后剔凿。
9.对于体积、厚度较大的混凝土构件，应选用发热值较低的硅酸盐水泥，并采用必要的浇注和养护措施，防止水化热及收缩应力对结构造成不良影响。对钢筋布置较密的构件及梁柱节点核心区混凝土应采取措施，切实捣固。冬季施工时，应采取混凝土防冻措施。
10.沉降观测：
本工程应按《建筑变形测量规程》（JGJ 8—2007）的要求设沉降观察点进行沉降观测，施工过程中如遇异常情况时，请及时与建设设计单位联系，以便研究解决方法。
11.雨篷、挑梁应在混凝土强度达到100%后及上部砖墙全部施工完后方可拆模。
12.本工程施工及验收均按国家现行的建筑安装工程施工及验收规范和有关规定办理。
13.本施工图中未详之处，请遵照现行施工及验收规范执行。施工中若发现问题或因某种原因需修改设计时与我方联系，共同协商处理，切勿单独修改设计。
≥l_a
≥10d
至梁中心线且>15d
板支承于梁时构造
≥L_a
≥L_a
≥10d
≥10d
至梁中心线且>15d
板高差处构造
图十四
30b
①
①
30d
30d
① 圈梁加筋
图十五
H+30d
H
40d
H+30d
墙厚
≥1000
且≥墙长的1/5
砖墙（窗台下两皮砖及墙上下端均设置）
柱
≥1000
≥1000
且≥墙长的1/5
且≥墙长的1/5
图十六 柱与墙连接图
20d
d直径
a
次梁主筋
50
挑梁头部吊筋
图十九
30d
下上各1φ12附加筋
30d
φ6@200箍
φ6@200箍
4φ12上下各两根
4φ12
上下各两根
30d
30d
圈梁纵筋搭接
图二十
附加钢筋2φ12放上排
L_a
300<d<1000
L_a
2φ12放下排
（方形孔洞附加钢筋平行受力钢筋放置）
图二十二
>=0.4L_a
15d
15d
>=0.4L_a
>=L_a
A
A
宽窄梁相连钢筋布置立面图
弯入柱内
伸入梁内
A-A（宽窄梁相连钢筋布置）
图十七
附加钢筋2φ12
30d
附加钢筋
2φ12搭接35d，上下各一根
30d
圆形孔洞附加钢筋平行受力钢筋放置
图二十一
30d
2φ12搭接35d，上下各一根
附加钢筋2φ12
30d
（圆形孔洞附加钢筋斜向放置）
图二十三
梁上皮筋弯入柱内
>=L_a
>=0.4L_a
>=15d
5d
梁下主筋弯入柱内
>=0.4L_a
>=L_a
>=L_a
>=L_a
相邻框架梁高度不同时钢筋布置
>=0.4L_a
15d
15d
>=0.4L_a
>=L_a
>=L_a
框架梁边支座构造
图十三
框架梁中支座构造
135°
5d
箍筋大样
180°
5d
135°
5d
135°
5d
5d
箍筋弯钩大样
图十八
（构造配筋）
（构造配筋）
（构造配筋）
梁侧面纵向构造筋和拉筋
图二十四
注：1.间距a≤200，从现浇板底算起；
2.施工图中未注明侧面筋时，按本图构造配筋。
单位出图专用章
执业资格专用章
××市规划建筑设计院
审定
审核
项目负责
设计
计算
校对
工程名称
某厂房
项目
图名
结构设计总说明（三）
工程号
日期
图别 结施
图号 03

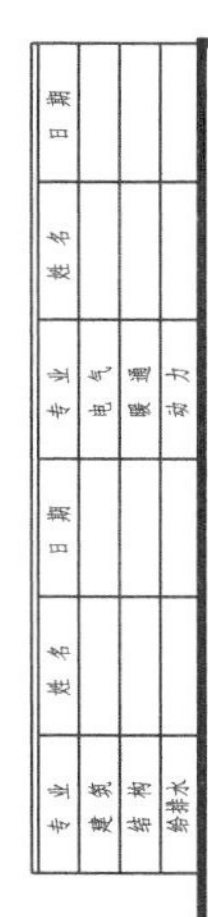

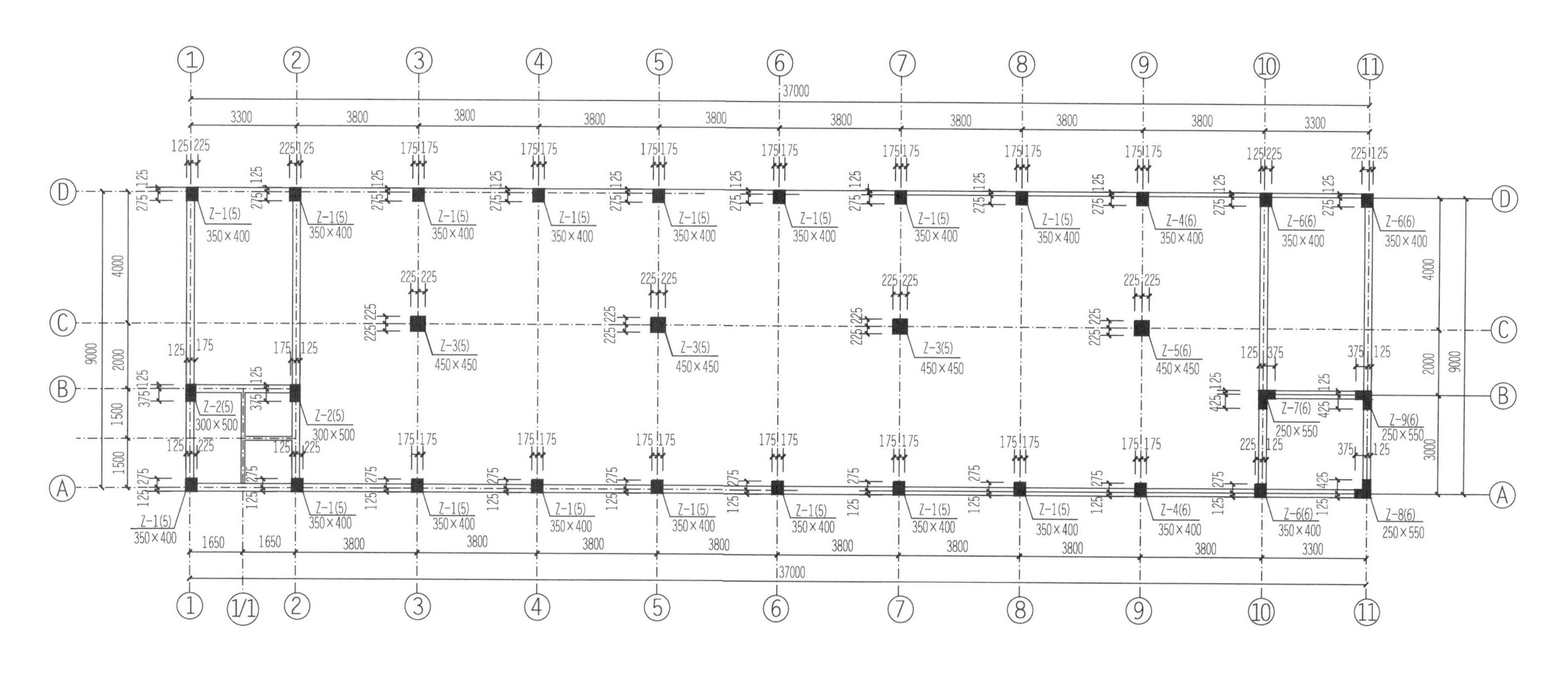

柱、墙定位布置平面图 1:100

说明：1.未定位柱、墙与轴线居中；

2.柱插筋见柱配筋详图。

单位出图专用章	执业资格专用章	××市规划建筑设计院				工程名称	某厂房	工程号	
		审　定		设　计		项　目		日　期	
		审　核		计　算		图　名	柱、墙定位布置平面图	图　别	结施
		项目负责		校　对				图　号	04

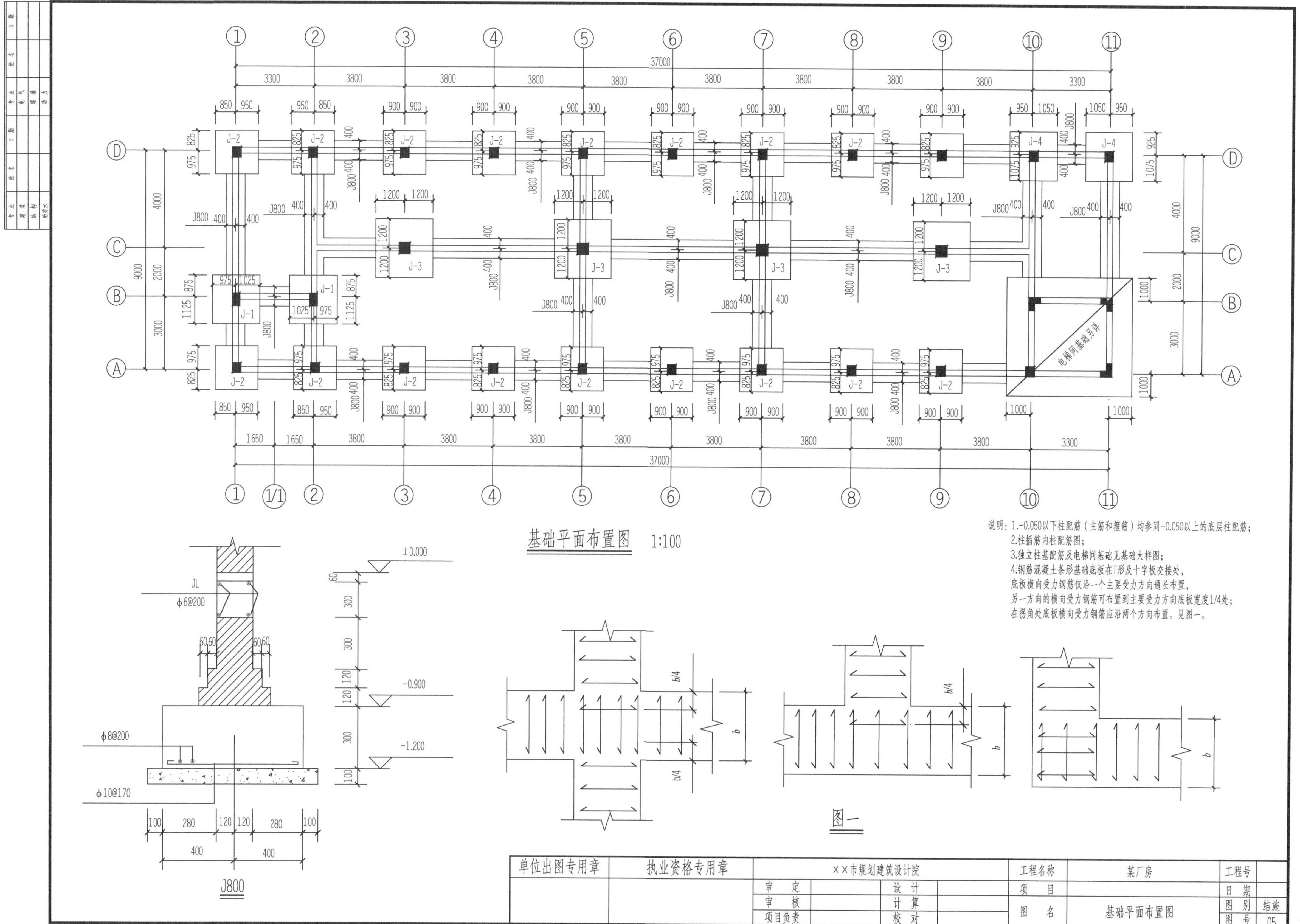
基础平面布置图 1:100
J-1
J-2
J-3
J-4
J800
电梯间基础另详
37000
3300
3800
1650
说明：1.-0.050以下柱配筋（主筋和箍筋）均参同-0.050以上的底层柱配筋；
2.柱插筋内柱配筋图；
3.独立柱基配筋及电梯间基础见基础大样图；
4.钢筋混凝土条形基础底板在T形及十字板交接处，
底板横向受力钢筋仅沿一个主要受力方向通长布置，
另一方向的横向受力钢筋可布置到主要受力方向底板宽度1/4处；
在拐角处底板横向受力钢筋应沿两个方向布置。见图一。
JL
φ6@200
φ8@200
φ10@170
±0.000
-0.900
-1.200
J800
图一
单位出图专用章
执业资格专用章
××市规划建筑设计院
审定
审核
项目负责
设计
计算
校对
工程名称
某厂房
项目
图名
基础平面布置图
工程号
日期
图别
结施
图号
05

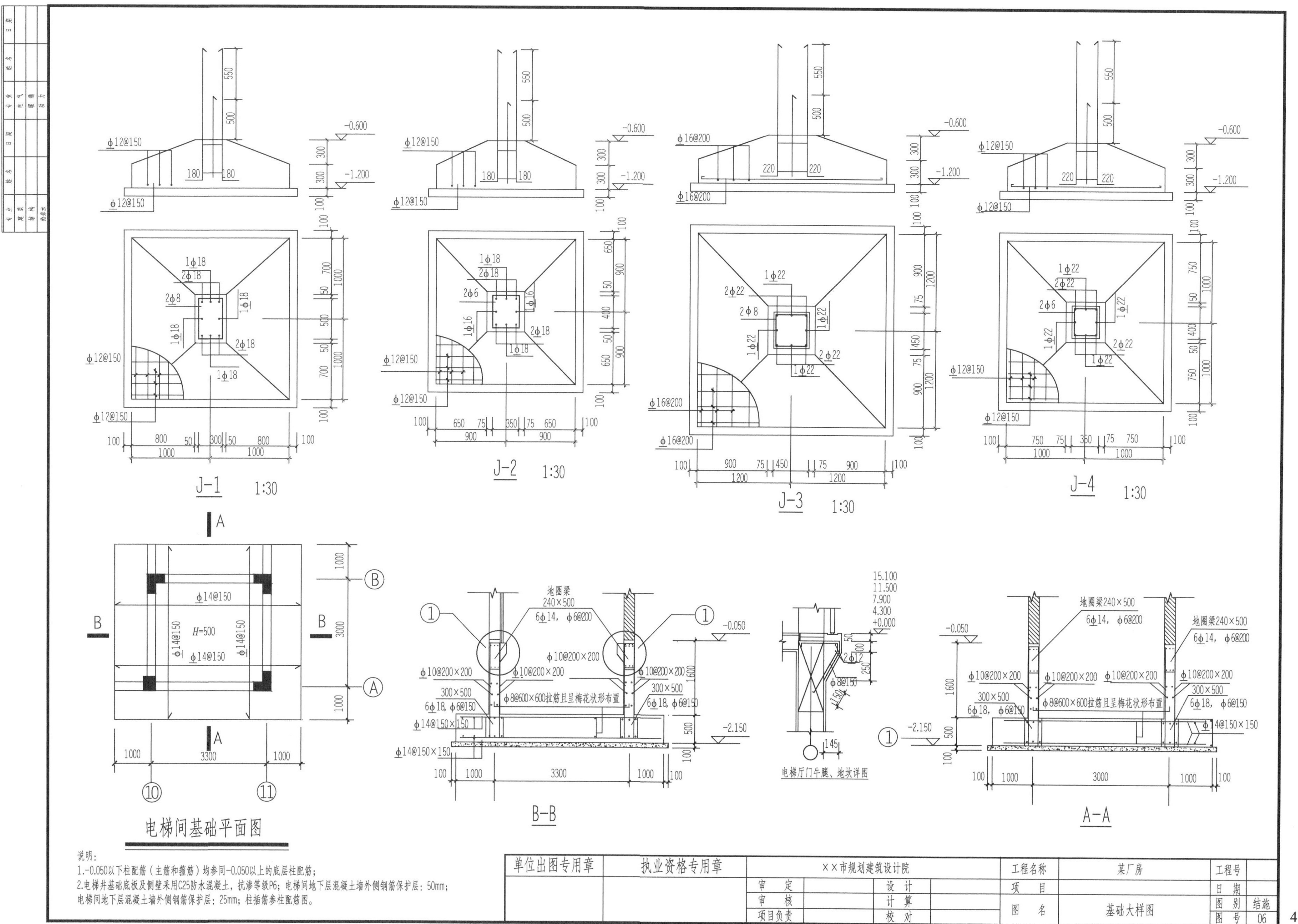
J-1 1:30
J-2 1:30
J-3 1:30
J-4 1:30
电梯间基础平面图
B-B
A-A
电梯厅门牛腿、地坎详图
说明：
1.-0.050以下柱配筋（主筋和箍筋）均参同-0.050以上的底层柱配筋；
2.电梯井基础底板及侧壁采用C25防水混凝土，抗渗等级P6；电梯间地下层混凝土墙外侧钢筋保护层：50mm；
电梯间地下层混凝土墙外侧钢筋保护层：25mm；柱插筋参柱配筋图。
单位出图专用章
执业资格专用章
××市规划建筑设计院
审 定
审 核
项目负责
设 计
计 算
校 对
工程名称
某厂房
项 目
图 名
基础大样图
工程号
日 期
图 别
结施
图 号
06

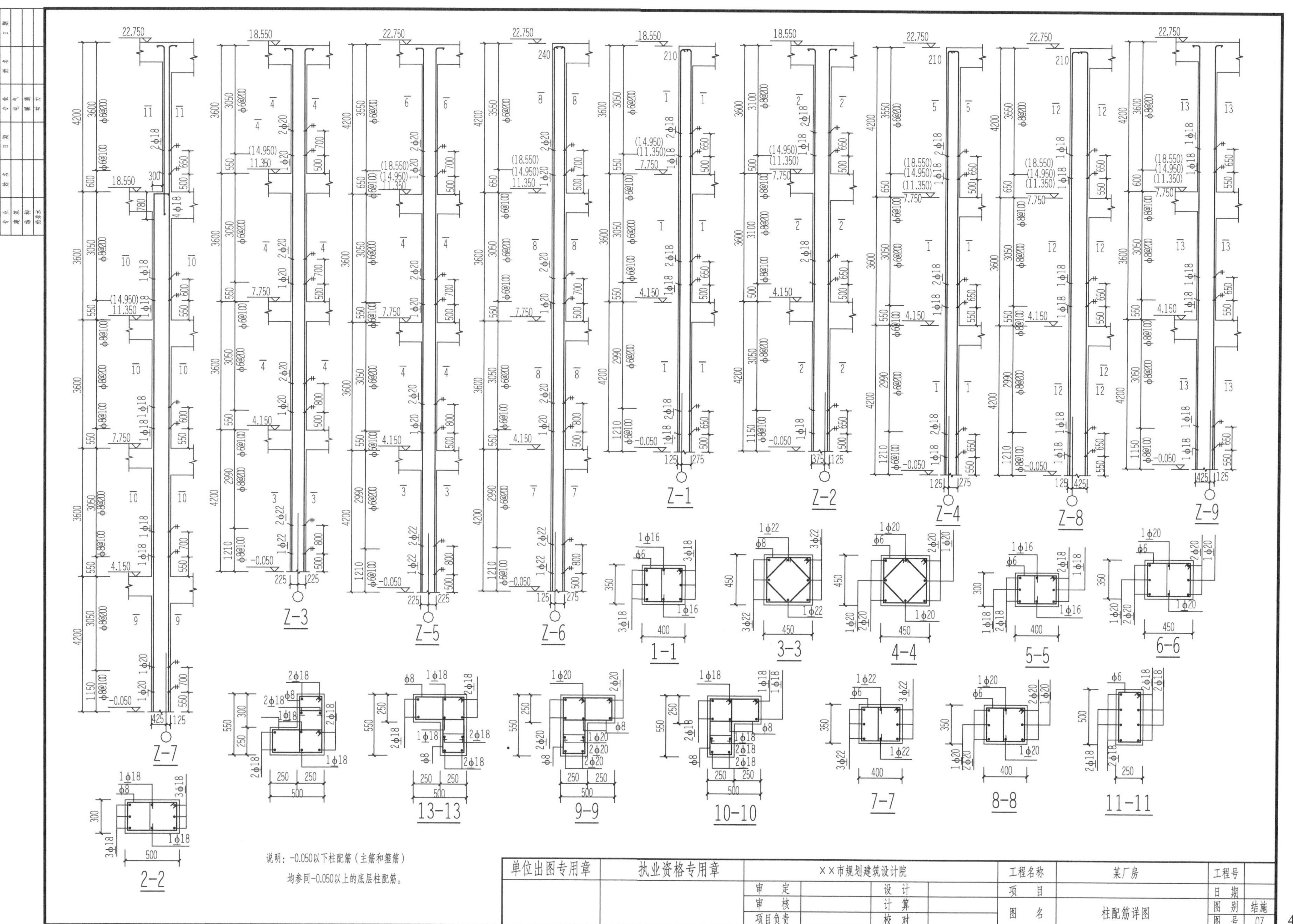
Z-7
Z-3
Z-5
Z-6
Z-1
Z-2
Z-4
Z-8
Z-9
1-1
3-3
4-4
5-5
6-6
2-2
13-13
9-9
10-10
7-7
8-8
11-11
说明：-0.050以下柱配筋（主筋和箍筋）
均参同-0.050以上的底层柱配筋。
单位出图专用章
执业资格专用章
××市规划建筑设计院
审 定
审 核
项目负责
设 计
计 算
校 对
工程名称
某厂房
项 目
图 名
柱配筋详图
工程号
日 期
图 别
结施
图 号
07

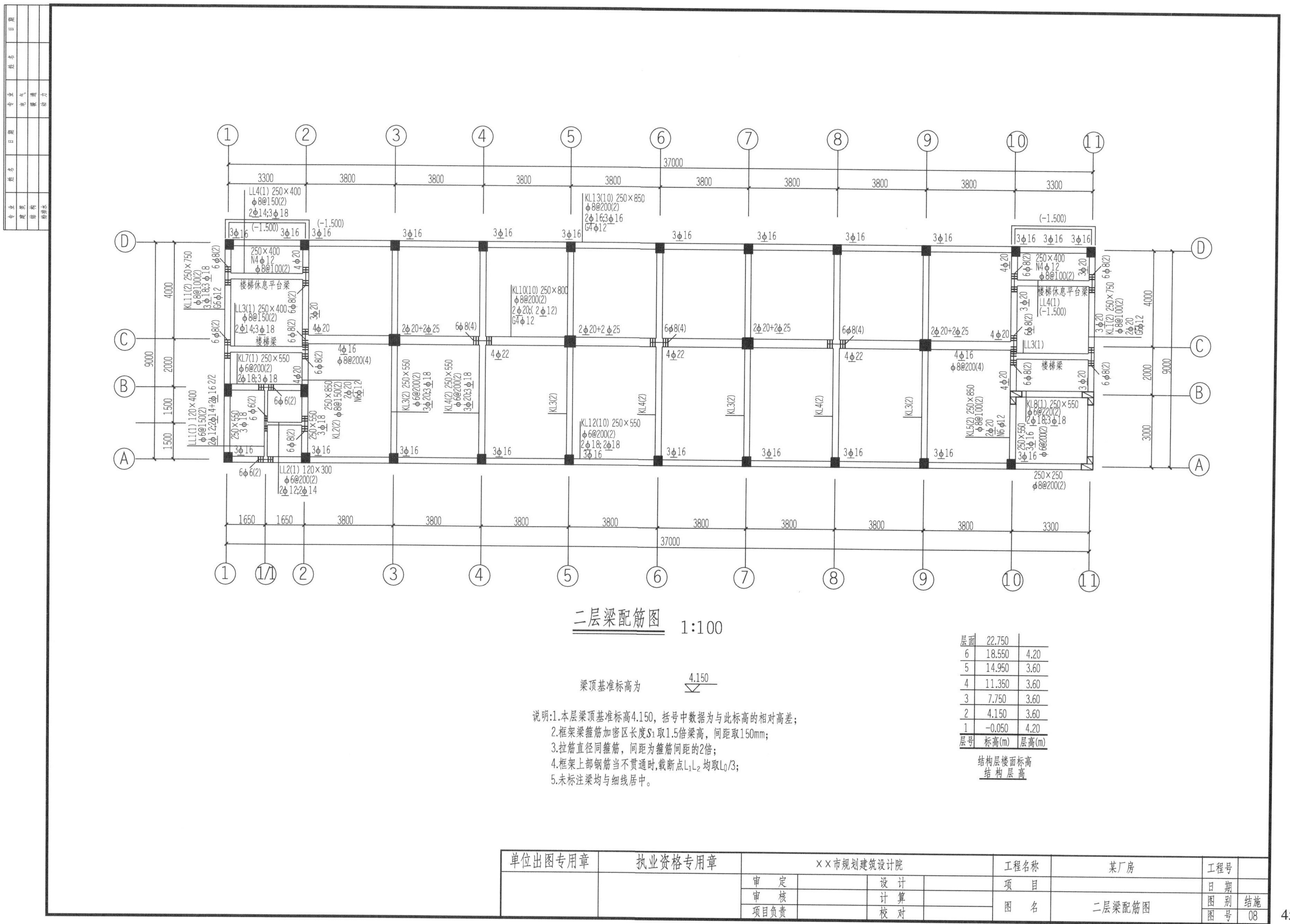

二层梁配筋图 1:100
梁顶基准标高为 4.150
说明:1.本层梁顶基准标高4.150，括号中数据为与此标高的相对高差;
2.框架梁箍筋加密区长度S1取1.5倍梁高，间距取150mm;
3.拉筋直径同箍筋，间距为箍筋间距的2倍;
4.框架上部钢筋当不贯通时,载断点L1L2均取L0/3;
5.未标注梁均与细线居中。
层面 22.750
6 18.550 4.20
5 14.950 3.60
4 11.350 3.60
3 7.750 3.60
2 4.150 3.60
1 -0.050 4.20
层号 标高(m) 层高(m)
结构层楼面标高
结构层高
单位出图专用章
执业资格专用章
XX市规划建筑设计院
审定
审核
项目负责
设计
计算
校对
工程名称 某厂房
项目
图名 二层梁配筋图
工程号
日期
图别 结施
图号 08

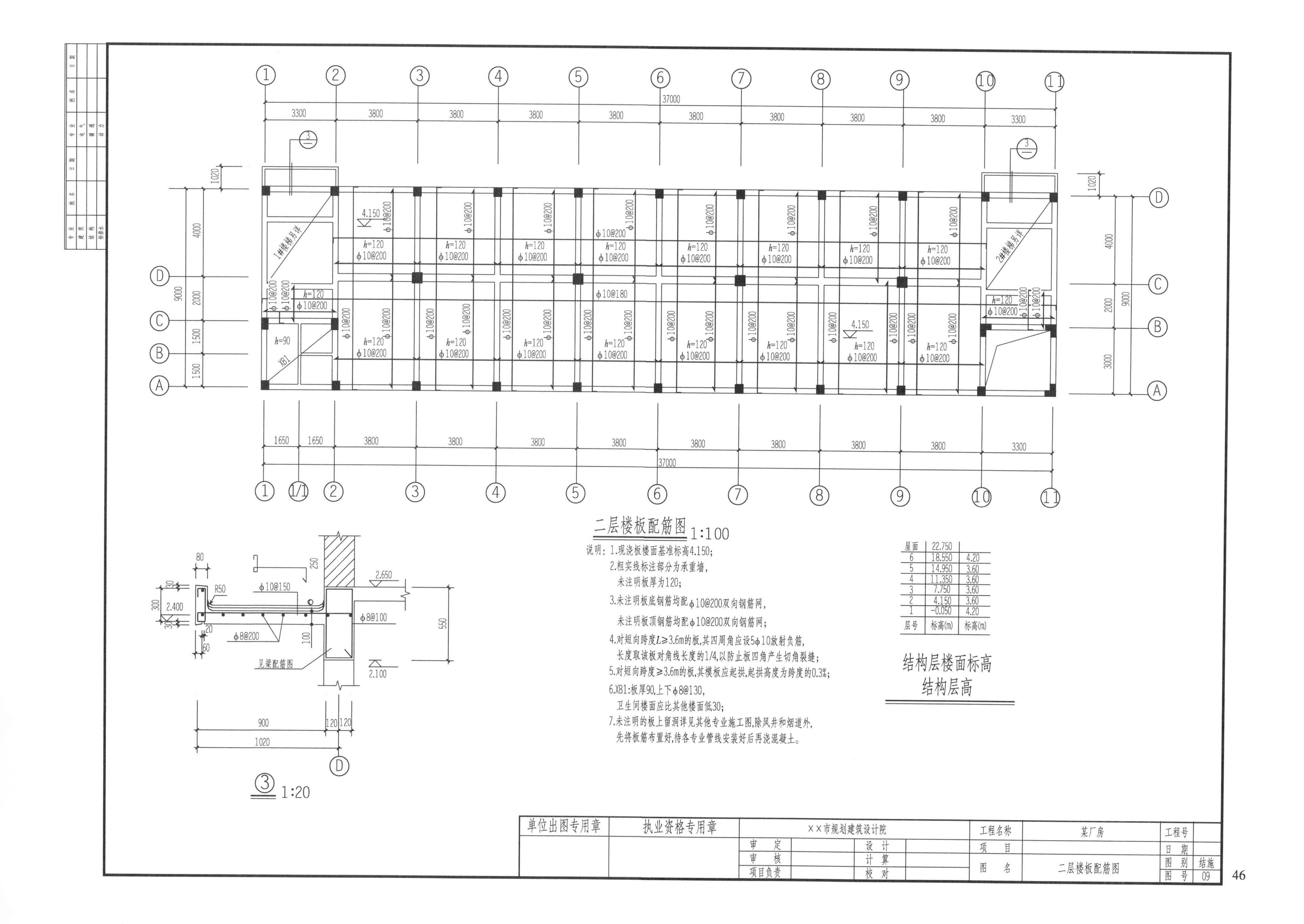
二层楼板配筋图 1:100
说明：1.现浇板楼面基准标高4.150；
2.粗实线标注部分为承重墙，
未注明板厚为120；
3.未注明板底钢筋均配ϕ10@200双向钢筋网，
未注明板顶钢筋均配ϕ10@200双向钢筋网；
4.对短向跨度L≥3.6m的板，其四周角应设5ϕ10放射负筋，
长度取该板对角线长度的1/4，以防止板四角产生切角裂缝；
5.对短向跨度≥3.6m的板，其模板应起拱，起拱高度为跨度的0.3%；
6.XB1：板厚90，上下ϕ8@130，
卫生间楼面应比其他楼面低30；
7.未注明的板上留洞详见其他专业施工图，除风井和烟道外，
先将板筋布置好，待各专业管线安装好后再浇混凝土。
1#楼梯另详
2#楼梯另详
h=120
ϕ10@200
ϕ10@180
h=90
XB1
4.150
37000
3300
3800
1650
1020
4000
2000
1500
9000
3000
③ 1:20
ϕ10@150
ϕ8@100
ϕ8@200
R50
2.650
2.400
2.100
见梁配筋图
900
1020
120
550
250
结构层楼面标高
结构层高
屋面 22.750
6 18.550 4.20
5 14.950 3.60
4 11.350 3.60
3 7.750 3.60
2 4.150 3.60
1 -0.050 4.20
层号 标高(m) 标高(m)
单位出图专用章
执业资格专用章
××市规划建筑设计院
审定
审核
项目负责
设计
计算
校对
工程名称 某厂房
项目
图名 二层楼板配筋图
工程号
日期
图别 结施
图号 09

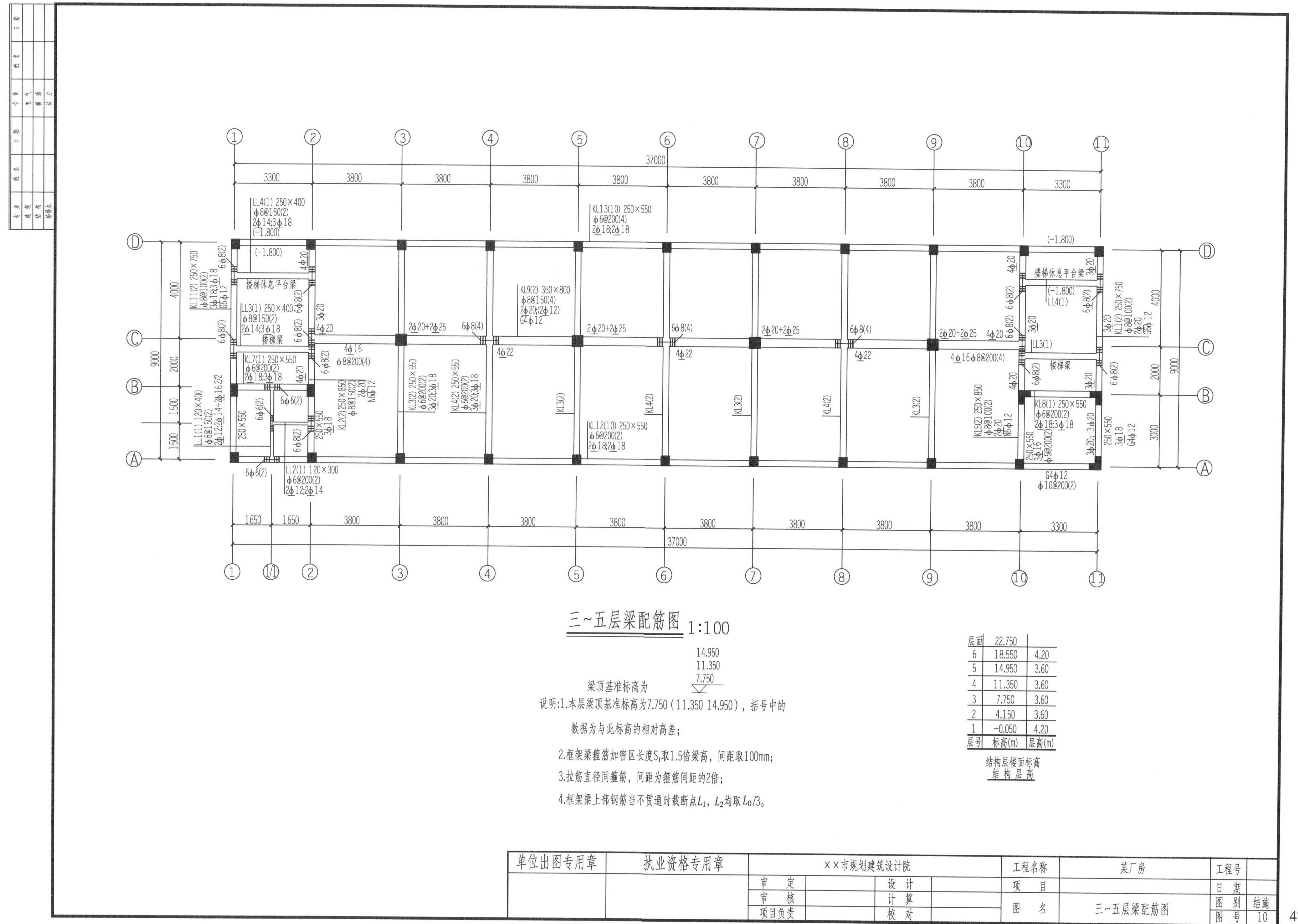

层号	标高(m)	层高(m)
层面	22.750	
6	18.550	4.20
5	14.950	3.60
4	11.350	3.60
3	7.750	3.60
2	4.150	3.60
1	-0.050	4.20

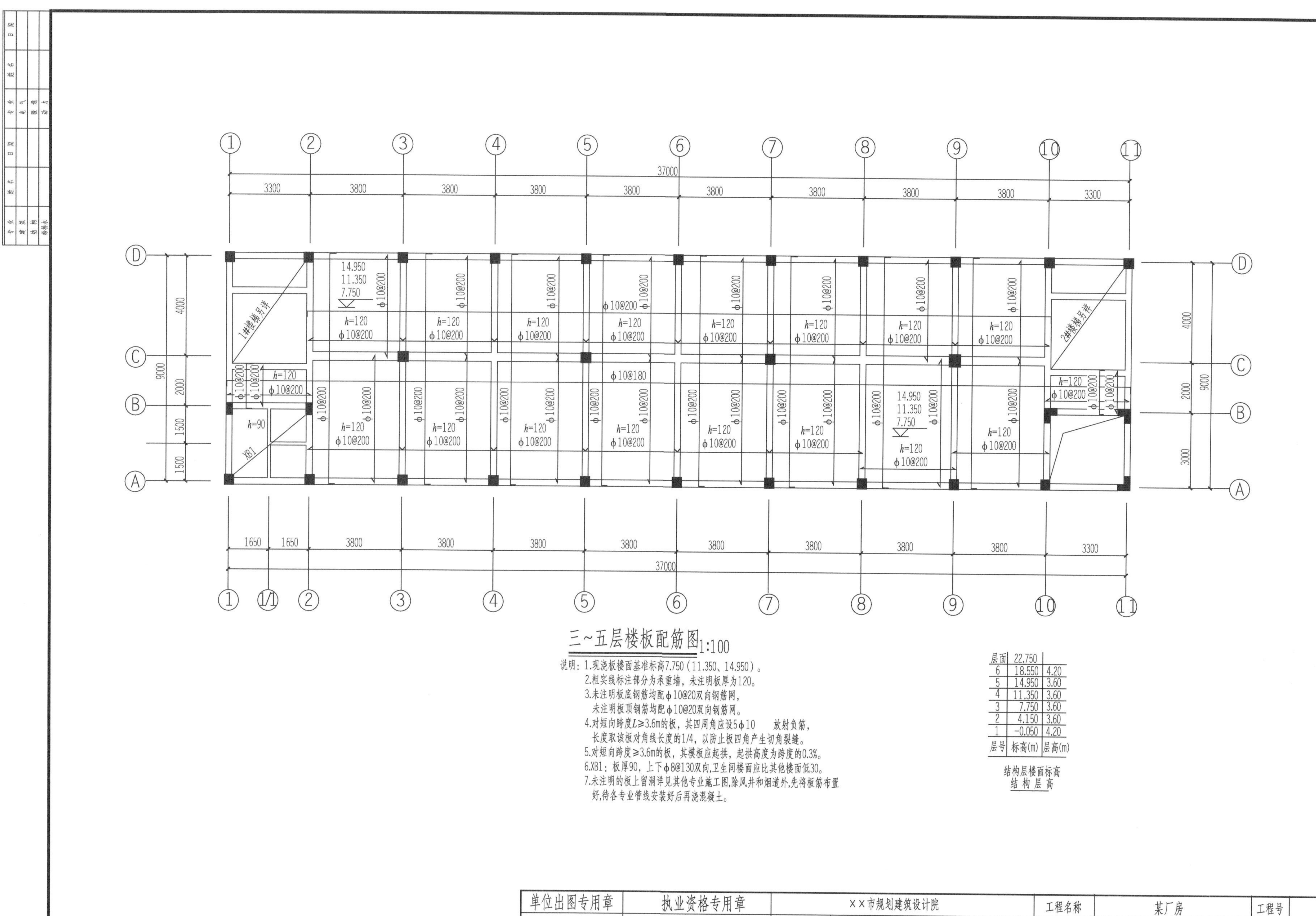

三~五层楼板配筋图 1:100

说明：1.现浇板楼面基准标高7.750（11.350、14.950）。

2.粗实线标注部分为承重墙，未注明板厚为120。

3.未注明板底钢筋均配ϕ10@20双向钢筋网，
未注明板顶钢筋均配ϕ10@20双向钢筋网。

4.对短向跨度$L \geq 3.6$m的板，其四周角应设5ϕ10 放射负筋，
长度取该板对角线长度的1/4，以防止板四角产生切角裂缝。

5.对短向跨度≥3.6m的板，其模板应起拱，起拱高度为跨度的0.3%。

6.XB1：板厚90，上下ϕ8@130双向,卫生间楼面应比其他楼面低30。

7.未注明的板上留洞详见其他专业施工图,除风井和烟道外,先将板筋布置好,待各专业管线安装好后再浇混凝土。

层号	标高(m)	层高(m)
层面	22.750	
6	18.550	4.20
5	14.950	3.60
4	11.350	3.60
3	7.750	3.60
2	4.150	3.60
1	-0.050	4.20

结构层楼面标高
结构层高

单位出图专用章 | 执业资格专用章 | ××市规划建筑设计院

审 定 | 设 计
审 核 | 计 算
项目负责 | 校 对

工程名称：某厂房
项 目：
图 名：三~五层楼板配筋图

工程号：
日 期：
图 别：结施
图 号：11

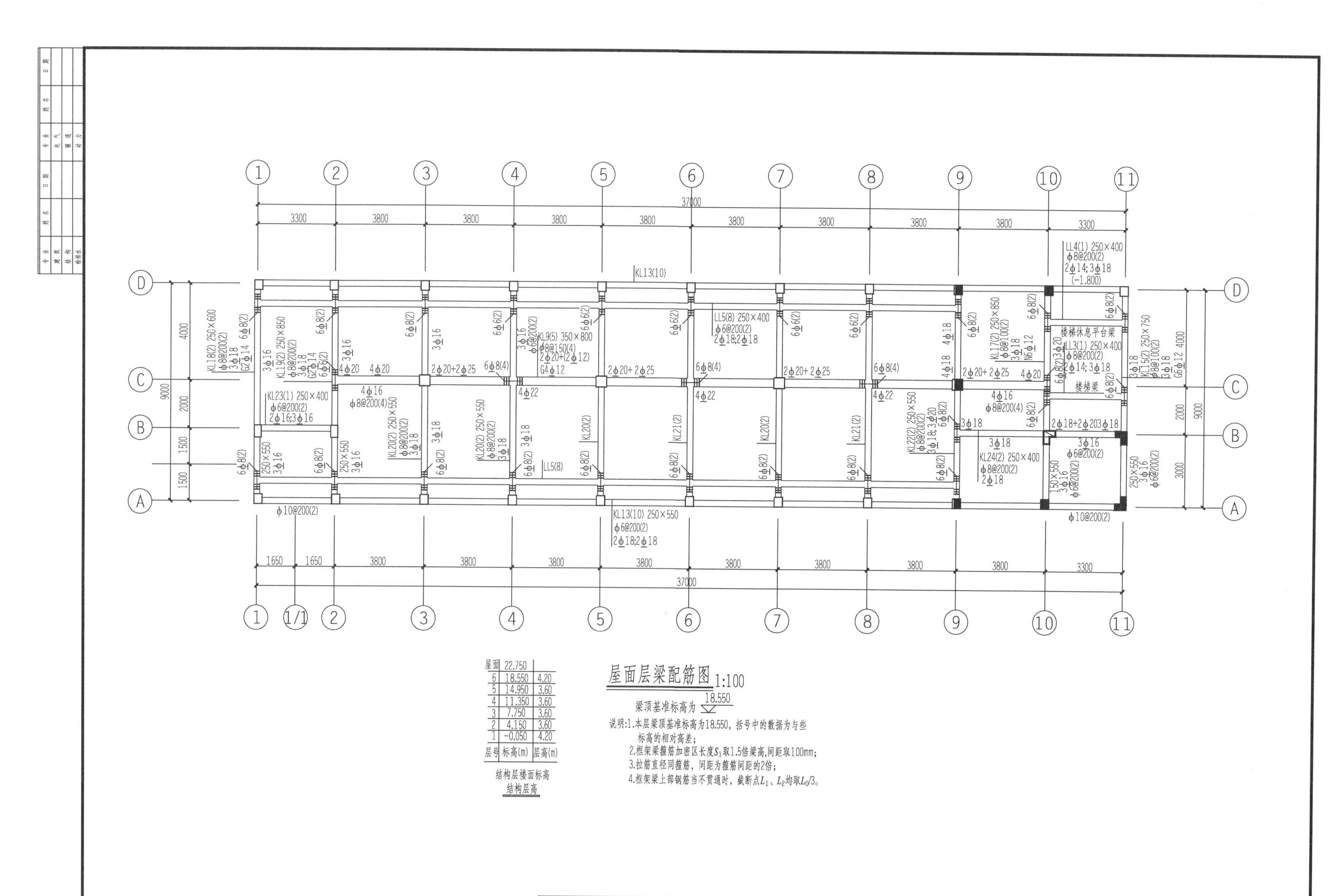

层号	标高(m)	层高(m)
屋面	22.750	
6	18.550	4.20
5	14.950	3.60
4	11.350	3.60
3	7.750	3.60
2	4.150	3.60
1	-0.050	4.20

结构层楼面标高
结构层高

单位出图专用章	执业资格专用章	××市规划建筑设计院		工程名称	某厂房	工程号	
		审定	设计	项目		日期	
		审核	计算	图名	屋面层梁配筋图	图别	结施
		项目负责	校对			图号	12

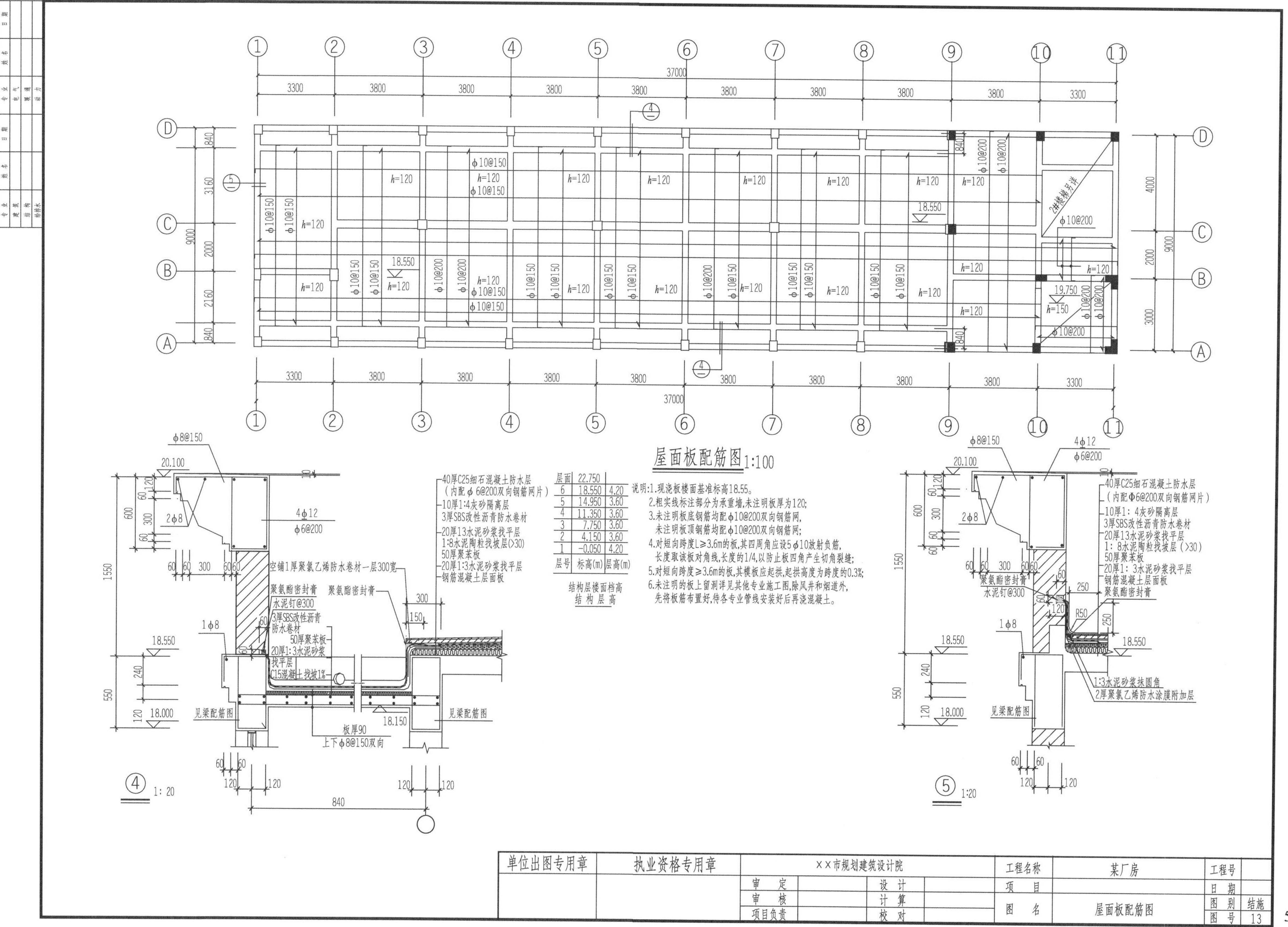

屋面板配筋图 1:100
37000
3300 3800 3800 3800 3800 3800 3800 3800 3800 3300
h=120
φ10@150
φ10@200
18.550
19.750
h=150
2#楼梯另详
840 3160 2000 2160 840
9000
4000 2000 3000
层面 22.750
6 18.550 4.20
5 14.950 3.60
4 11.350 3.60
3 7.750 3.60
2 4.150 3.60
1 -0.050 4.20
层号 标高(m) 层高(m)
结构层楼面档高
结构层高
说明:1.现浇板楼面基准标高18.55。
2.粗实线标注部分为承重墙,未注明板厚为120;
3.未注明板底钢筋均配φ10@200双向钢筋网,
未注明板顶钢筋均配φ10@200双向钢筋网;
4.对短向跨度L≥3.6m的板,其四周角应设5φ10放射负筋,
长度取该板对角线,长度的1/4,以防止板四角产生切角裂缝;
5.对短向跨度≥3.6m的板,其模板应起拱,起拱高度为跨度的0.3%;
6.未注明的板上留洞详见其他专业施工图,除风井和烟道外,
先将板筋布置好,待各专业管线安装好后再浇混凝土。
φ8@150
20.100
4φ12
φ6@200
2φ8
1φ8
40厚C25细石混凝土防水层
(内配φ6@200双向钢筋网片)
10厚1:4灰砂隔离层
3厚SBS改性沥青防水卷材
20厚13水泥砂浆找平层
1:8水泥陶粒找坡层(>30)
50厚聚苯板
20厚1:3水泥砂浆找平层
钢筋混凝土层面板
空铺1厚聚氯乙烯防水卷材一层300宽
聚氨酯密封膏
水泥钉@300
3厚SBS改性沥青防水卷材
50厚聚苯板
20厚1:3水泥砂浆找平层
C15混凝土找坡1%
18.550
18.000
18.150
见梁配筋图
板厚90
上下φ8@150双向
840
④ 1:20
1:3水泥砂浆抹圆角
2厚聚氯乙烯防水涂膜附加层
R50
⑤ 1:20
单位出图专用章
执业资格专用章
××市规划建筑设计院
审定 设计
审核 计算
项目负责 校对
工程名称 某厂房
项目
图名 屋面板配筋图
工程号
日期
图别 结施
图号 13

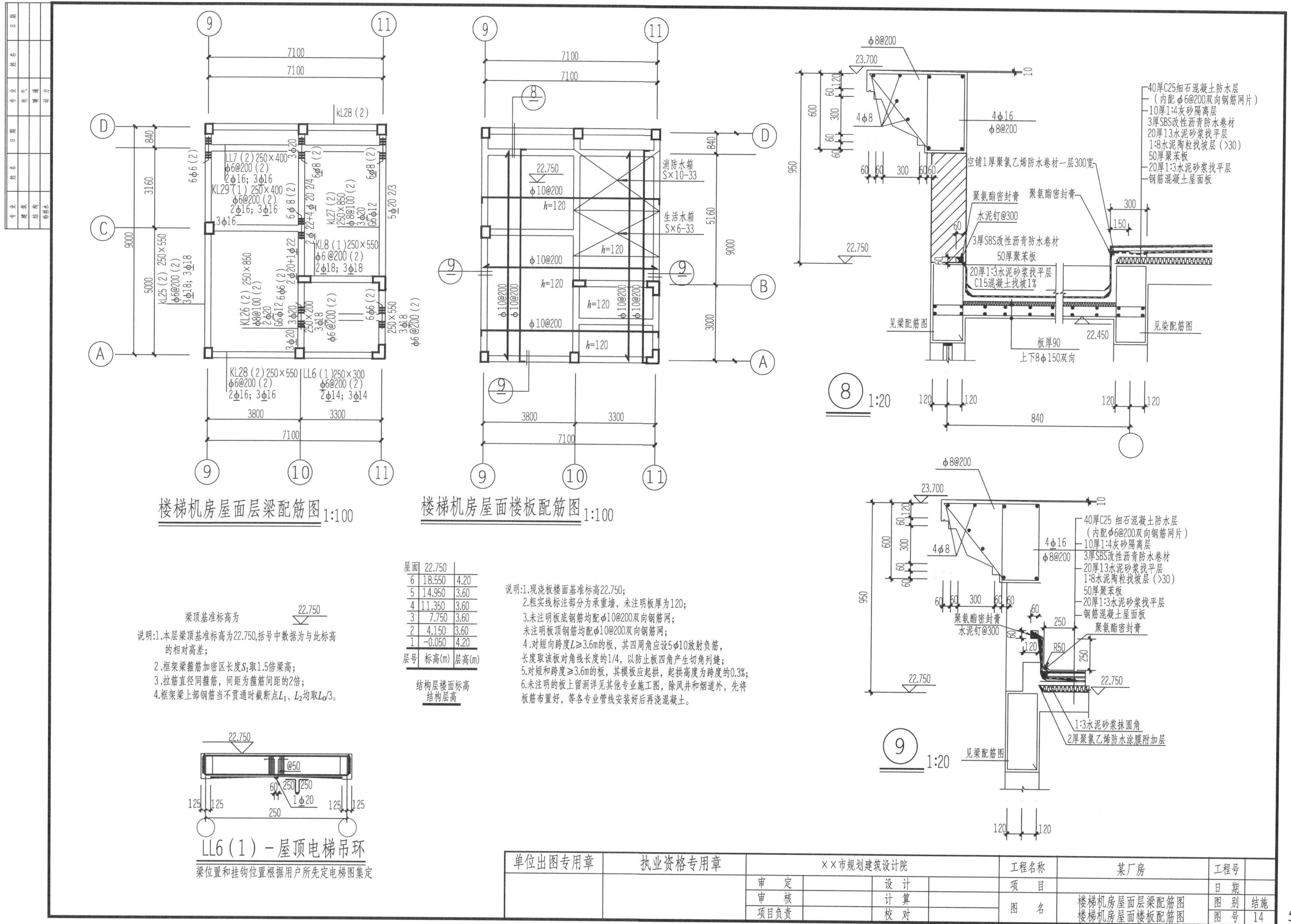

层号	标高(m)	层高(m)
屋面	22.750	
6	18.550	4.20
5	14.950	3.60
4	11.350	3.60
3	7.750	3.60
2	4.150	3.60
1	-0.050	4.20

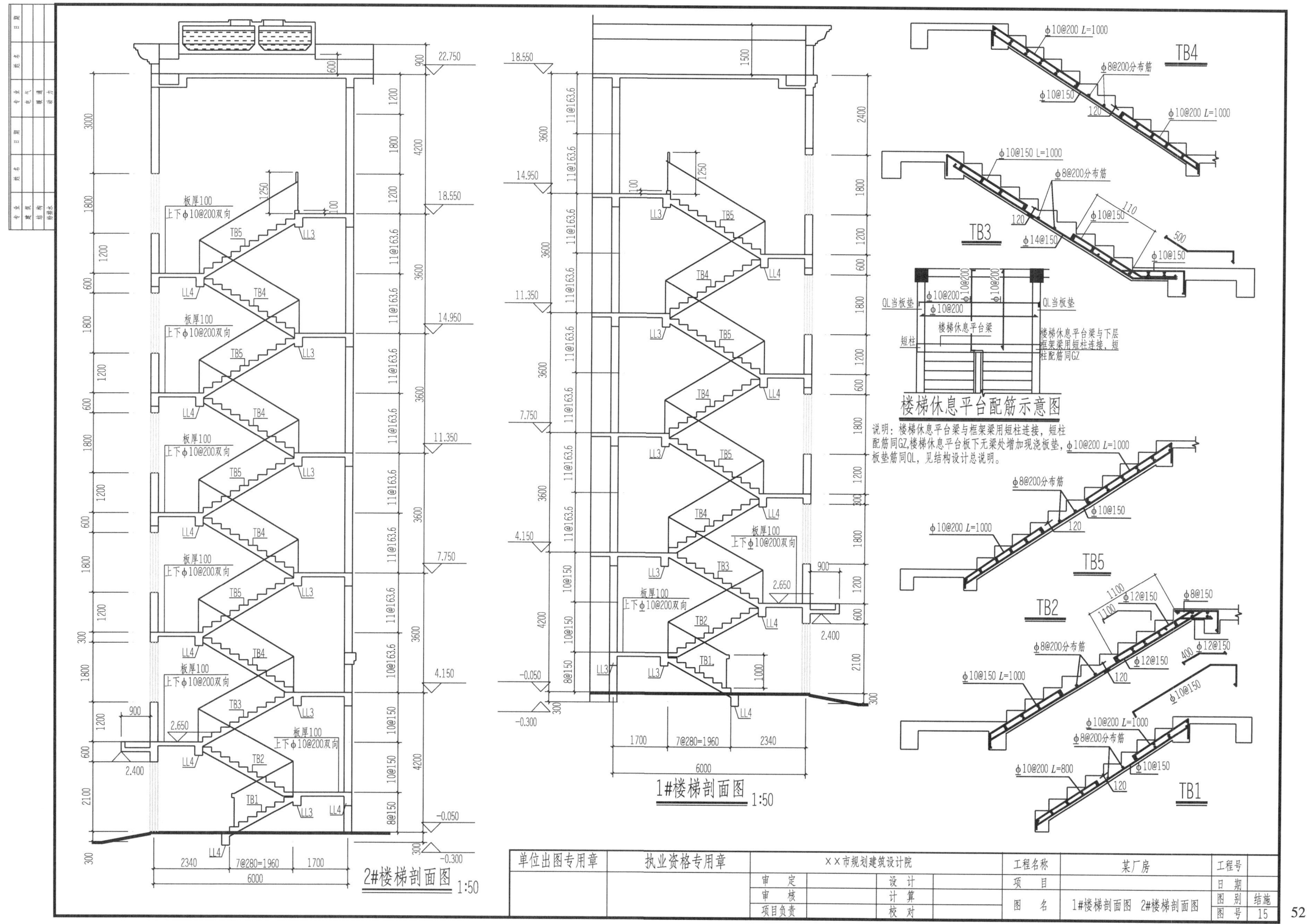
2#楼梯剖面图 1:50
1#楼梯剖面图 1:50
TB1
TB2
TB3
TB4
TB5
楼梯休息平台配筋示意图
说明：楼梯休息平台梁与框架梁用短柱连接，短柱配筋同GZ,楼梯休息平台板下无梁处增加现浇板垫，板垫筋同QL，见结构设计总说明。
楼梯休息平台梁与下层框架梁用短柱连接，短柱配筋同GZ
QL当板垫
短柱
楼梯休息平台梁
板厚100
上下ϕ10@200双向
单位出图专用章
执业资格专用章
××市规划建筑设计院
审定
审核
项目负责
设计
计算
校对
工程名称
某厂房
项目
图名
1#楼梯剖面图 2#楼梯剖面图
工程号
日期
图别
结施
图号
15

三 某公司职工宿舍楼土建施工图

××市规划建筑设计院

设计资质证号:

设计阶段: 土建施工图

年 月

(一)某公司职工宿舍楼建筑施工图

建筑施工图图纸目录

设计单位	××市规划建筑设计院	项目名称	某公司职工宿舍楼	工程号	
				设计阶段	施工图

序号	图纸内容	图纸编号	图别	图幅	备注
1	建筑设计总说明 门窗表	01	建施	A2	
2	一层平面图	02	建施	A2	
3	二层平面图	03	建施	A2	
4	三层平面图	04	建施	A2	
5	阁楼层平面图	05	建施	A2	
6	层面平面图	06	建施	A2	
7	①~⑫轴立面图 ⑫~①轴立面图	07	建施	A2	
8	Ⓐ~Ⓓ轴立面图 Ⓓ~Ⓐ轴立面图	08	建施	A2	
9	1-1剖面图 雨篷檐沟大样图 楼梯栏杆大样图	09	建施	A2	
10	男女卫生间详图 1#、2#楼梯剖面图	10	建施	A2	
11	1#楼梯平面详图	11	建施	A2	
12	2#楼梯平面详图	12	建施	A2	

审核		校对		编制		编制日期	

单位出图专用章	执业资格专用章	××市规划建筑设计院				工程名称	某公司职工宿舍楼	工程号	
		审定		设计		项目		日期	
		审核		计算		图名	图纸目录	图别	建施
		项目负责		校对				图号	

建筑设计总说明

一、设计依据

1.××市规划部门批准的规划红线定位图及对本工程的要求。
2.根据甲方与设计方签订的合同内容及甲方对本工程的具体要求。
3.民用建筑设计通则：GB 50352—2005。
4.建筑设计防火规范 GB 50016。
5.多孔1砖砌体结构技术规范JGJ 137—2001（2002版）。
6.国家省市现行有关规程、规范和规定等。
7.居住建筑节能设计标准，浙DB33/105—2003、浙J10310—2003。

二、工程概况

1.本工程为某公司职工宿舍楼。
2.建筑占地面积：618.63m²。
3.建筑面积：1855.89m²。
4.建筑层数：3层。
5.结构形式：砖混结构。
6.建筑高度：11.99m。
7.建筑分类：三类。
8.屋面防水等级：II级。
9.建筑防雷等级：三类。
10.建筑防火等级：二级。
11.建筑合理使用年限：50年。
12.砖砌体施工质量控制等级：B级。

三、设计标高

1.本工程室内地坪±0.000相对黄海高程现场商定。
2.本工程所注尺寸除标高以米计外，其余均毫米计。
3.施工时应严格按总平面图中定位坐标放线。

四、一般规定

1.本图砖砌体厚度除注明者外，其余均为240砖墙。
2.门垛除注明者外，均为120，柱边120门垛为素混凝土与柱同级配同时浇筑。
3.+0.200以下采用Mu10机制黏土实心砖M10水泥砂浆砌，墙面粉20厚1:3水泥砂浆。+0.200以上采用KP1Mu10圆孔多孔黏土砖，M7.5混合砂浆砌。在-0.060m处粉20厚1:3水泥防水砂浆剂潮层（掺5%防水浆）。楼面0.2m宜做机制实心砖墙。
4.砌KP1墙体每天收工时应将墙顶盖好，遇下寸时应及时将墙顶盖在砌KP1墙体中。凡在现浇混凝土构件（梁板圈梁等）底部就砌1~3皮（65~200厚）机制黏土实心砖砌体。
5.卫生间、厨房间楼地面比相应楼地面低30，该间四周做190高（同墙宽门口除外）同楼面级配的素混凝土。如施工质量可靠，可与楼面分别施工。
6.阳台面比楼面低30，露台相关墙体翻高300，露台面标高按设计图施工。
7.凡檐沟、腰线、雨篷外墙门窗上部及挑出外墙部分均做老鹰咀或做线槽滴水线，门宽上部同外墙面做法，其余粉20厚1:2水泥砂浆分层施工，檐沿底用C15细石混凝土找坡5%。
8.现浇混凝土硬化后应及时养护（浇水或其他方法），现浇屋面板应用麻布、麻袋等物覆盖浇水养护，夏天每昼夜浇20次以上，一般天气15次左右，温度在5℃以下可不浇水，养护期一般为14昼夜。
9.本工程墙面装修为中级。
10.采用水泥砂浆砌的墙体及水泥砂浆粉刷部位完成24小时后（硬化后）均应浇水和喷水养护3昼夜。
11.钢件外露部分除锈后涂红丹漆底，防锈漆二度。
12.水制品与圬工接触部分应涂防腐油处理。
13.水电等专业工种应与主体班组密切配合施工，做好预埋预设工作，不得事后凿洞。
14.外墙面（包括屋面下部外墙内面）砖墙体与混凝土柱、梁交接处，在粉刷层中部设300宽（墙面混凝土面各150）钢钣网或钢丝网一道。
15.内墙面的阳角、柱角、窗门侧面均应粉水泥砂浆护角线，一般宽100~150。
16.本设计未涉及部分或与规范有出入的内容均应按国家相关标准、规范、规程的规定施工。

五、工程项目具体做法

1.瓦层面：
（1）彩色水泥瓦挂瓦条；
（2）40×40顺水条；
（3）SBS防水一道；
（4）30厚木屋面板（平口）；
（5）杉木檩条对开。
2.顶棚：现浇板底（卫生间、厨房除外）檐沟板底、雨篷底（梁侧底面）801涂料二度、批灰二度1:1:4混合砂浆粉刷压光10厚，基层清理。
3.内墙面：801涂料二度.批灰二度压光（或砂光）20厚1:1:6混合砂浆分层粉刷压光，清理基层提前洒水湿润。
4.护角：1:1水泥砂浆（细砂掺5%107胶水）压光1:2水泥砂浆粉底，高同层高门窗高。
5.柱面：801涂料二度，批灰二道压光或砂光，14厚1:1:6混合砂浆分层粉刷压光3厚素灰掺5%107胶水，基层清理宜度湿润。
6.外墙面：高分子彩色涂料面层（详见立面）喷胶结砂2.5厚、6厚1:0.7:6混合砂浆压光（细砂）12厚1:1:6混合砂浆底中毛，清理基层提前墙面浇水湿润。
7.卫生间、厨房间墙面：2.1m高白色磁砖3~5厚素灰结合层掺5%107胶水，14厚1:3水泥砂浆粉面中毛2.1m以上同内墙面，塑料扣板吊顶。
8.外墙勒脚450高，6厚1:2水泥砂浆粉面，14厚1:3水泥砂浆粉底中毛。
9.檐沟粉刷：合成高分子防水涂料一道，冷底子一道，10厚1:2水泥砂浆粉面压光C15细石混凝土找坡。内外侧面顶面6厚1:2水泥砂浆粉面，12厚1:2.5水泥砂浆底。
10.楼面施工：
（1）卫生间、厨房间：防滑地砖3~5厚1:1水泥砂浆结合层掺5%107胶水，1:3水泥砂浆找平坡向地漏，清洗基层；
（2）楼梯间楼面：1:2水泥砂粉面压光，踏步边粉10厚×40宽1:2水泥砂浆挡水条（含底面）清洗基层；
（3）其他楼面：1:2水泥砂浆粉面压光（或自理）1:3水泥砂浆找平中毛清洗基层。
11.地面施工：
（1）食堂地面：10厚1:2.5水泥彩色石子地面，表面抹光打蜡；20厚1:3水泥砂浆结合层；60厚C10细石混凝土垫层；素土夯实。
（2）卫生间：防滑砖3~5厚1:1水泥砂浆掺5%107胶细砂黏结层，1:3水泥砂浆找平坡向地漏中毛80厚C15混凝土。80厚压实卵石垫层，素土分层夯实。
（3）其他地面：1:2水泥砂浆粉面压光，80厚C15混凝土，80厚压实卵石垫层，素土分层夯实。
（4）踢脚线：1:2水泥砂浆粉面压光，1:3水泥砂浆粉底与墙面平。

六、主要选用标准图集

1.《PVC塑钢门窗》（99浙J5）
2.《木门（-）》（浙J2—93）
3.《住宅变压式排气道》（2002浙J44）
4.《地面 》（01J304）
5.《剖屋面》
6.《室外工程》
7.《变形缝》

门窗表

门窗名称	洞口尺寸	门窗数量					备注
	宽×高	一层	二层	三层	阁楼层	总数	
C1	3300×1800	1	2	2		5	组合塑钢窗
C2	900×600		2	2		4	塑钢窗　离地高1800
TSC2106A	2100×600	1				1	塑钢窗　离地高1150
TSC2118A	2100×1800	18				18	塑钢窗（99浙J5）
TSC1818A	1800×1800		22	22		44	
M1	2700×2700	2				2	胶合板门《木门（-）》（浙J2-93）
M2	1800×2700	1				1	
M3	900×2100	3	18	18		39	
M4	2400×2400	1				1	
M5	800×2100	1	4	4		9	
M6	1500×2400		1	1		2	

注：C2、TSC2106A均为高窗，采用麻醉砂玻。

单位出图专用章	执业资格专用章	××市规划建筑设计院				工程名称	某公司职工宿舍楼	工程号	
		审　定		设　计		项　目		日　期	
		审　核		计　算		图　名	建筑设计总说明　门窗表	图　别	建施
		项目负责		校　对				图　号	01

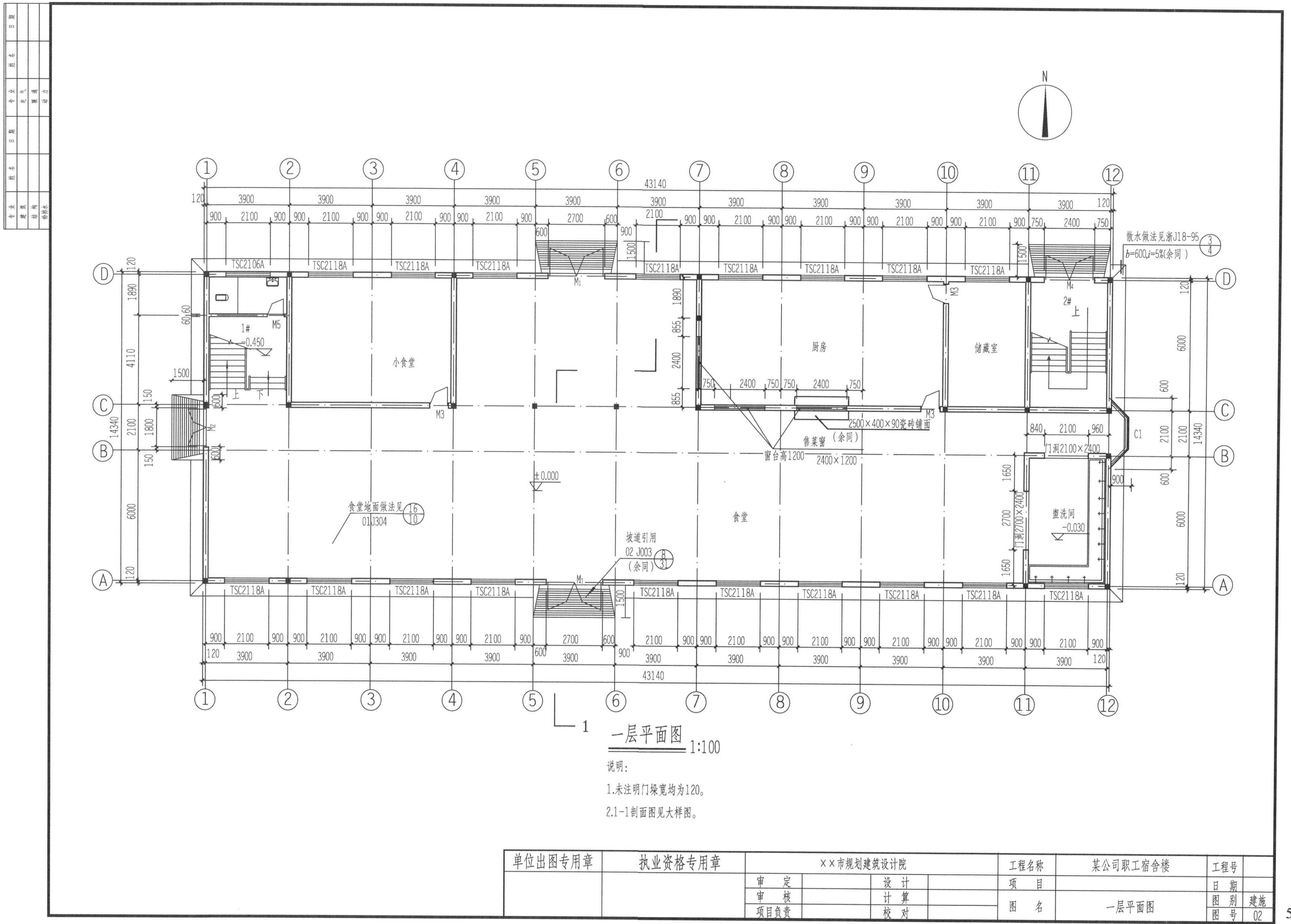

一层平面图 1:100
说明：
1.未注明门垛宽均为120。
2.1-1剖面图见大样图。
小食堂
厨房
储藏室
食堂
盥洗间
售菜窗
单位出图专用章
执业资格专用章
××市规划建筑设计院
工程名称
某公司职工宿舍楼
项目
图名
一层平面图
图别 建施
图号 02

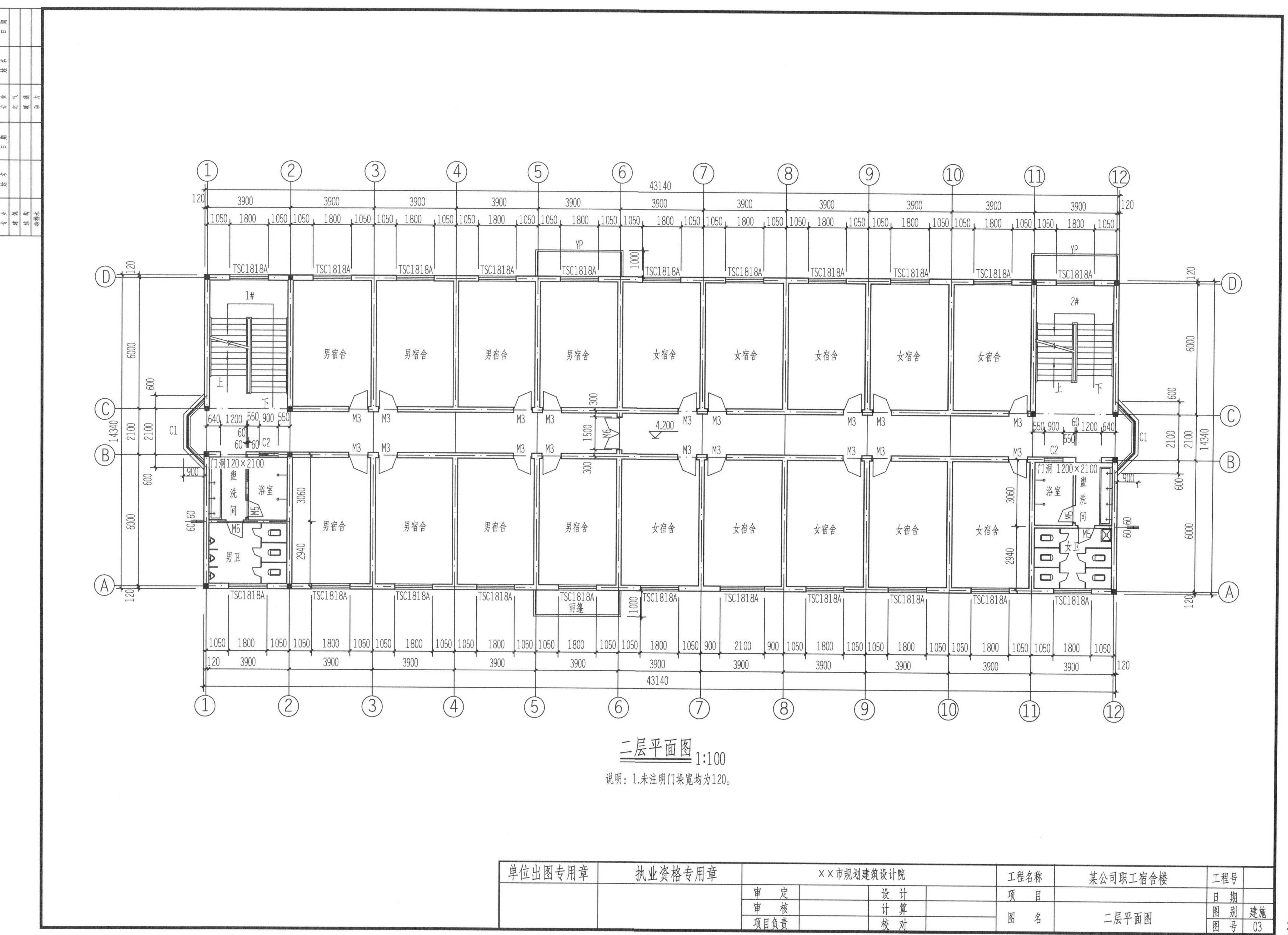
二层平面图 1:100
说明：1.未注明门垛宽均为120。
男宿舍
女宿舍
TSC1818A
43140
单位出图专用章
执业资格专用章
××市规划建筑设计院
工程名称
某公司职工宿舍楼
二层平面图
图别 建施
图号 03

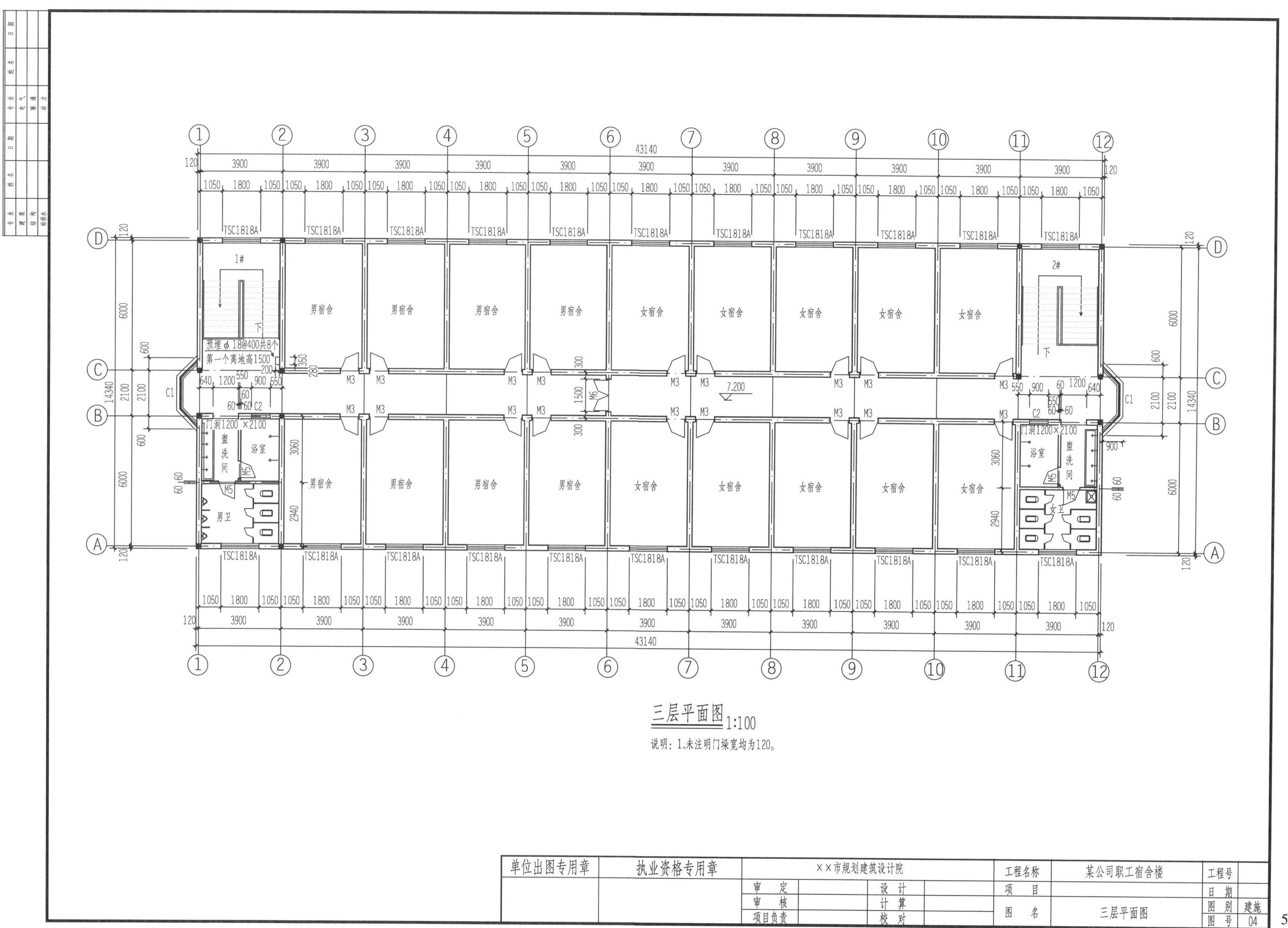
三层平面图 1:100
说明：1.未注明门垛宽均为120。
男宿舍
女宿舍
1#
2#
浴室
盥洗间
男卫
女卫
预埋φ18@400共8个
第一个离地高1500
门洞1200×2100
TSC1818A
M3
M5
M6
C1
C2
7.200
43140
单位出图专用章
执业资格专用章
××市规划建筑设计院
审 定
审 核
项目负责
设 计
计 算
校 对
工程名称
某公司职工宿舍楼
项 目
图 名
三层平面图
工程号
日 期
图 别
建施
图 号
04

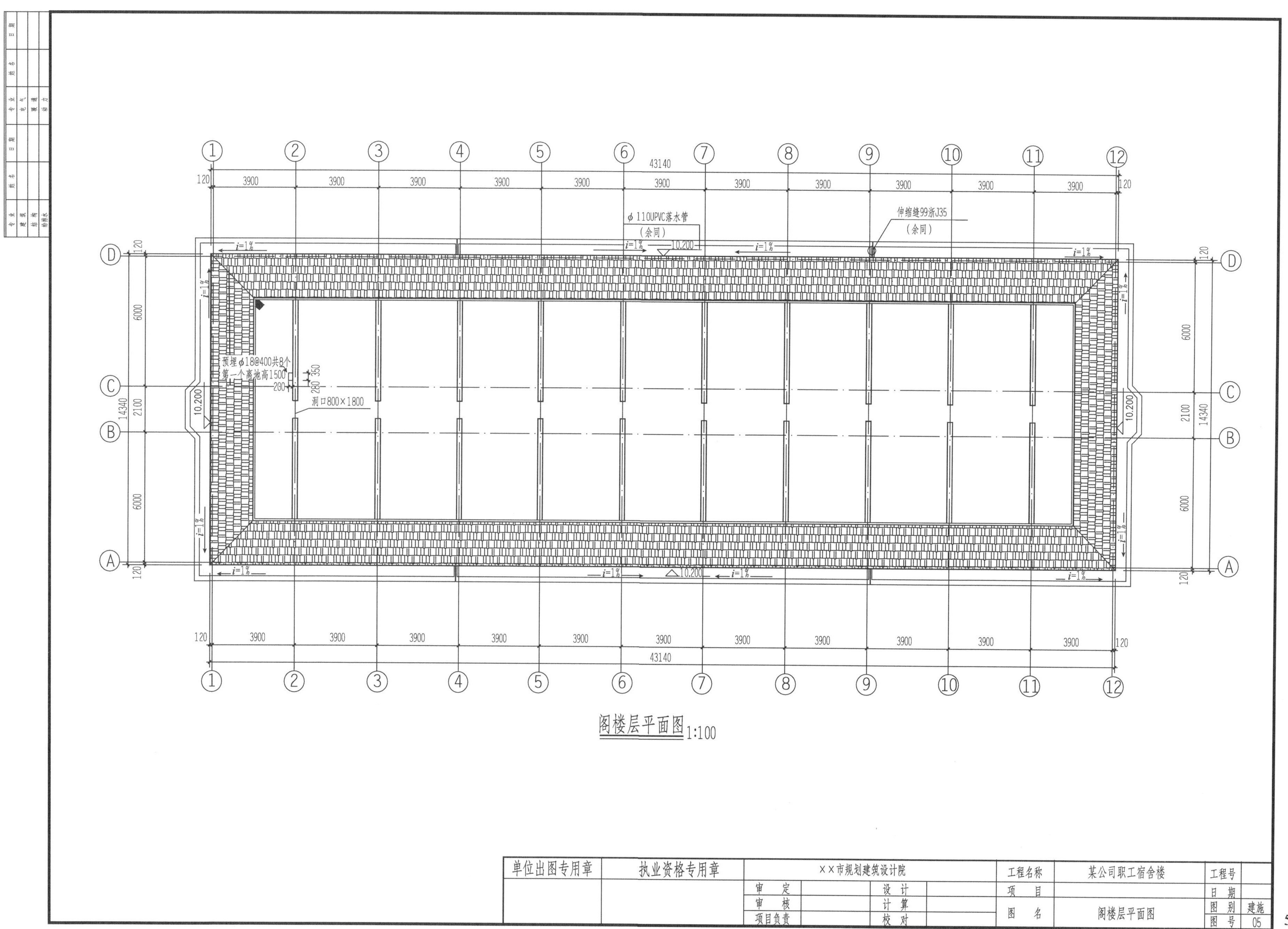

φ110UPVC落水管
（余同）
伸缩缝99浙J35
（余同）
i=1%
10.200
预埋φ18@400共8个
第一个离地高1500
洞口800×1800
43140
3900
120
6000
2100
14340
阁楼层平面图 1:100
单位出图专用章
执业资格专用章
××市规划建筑设计院
审 定
审 核
项目负责
设 计
计 算
校 对
工程名称
某公司职工宿舍楼
项 目
图 名
阁楼层平面图
工程号
日 期
图 别
建施
图 号
05

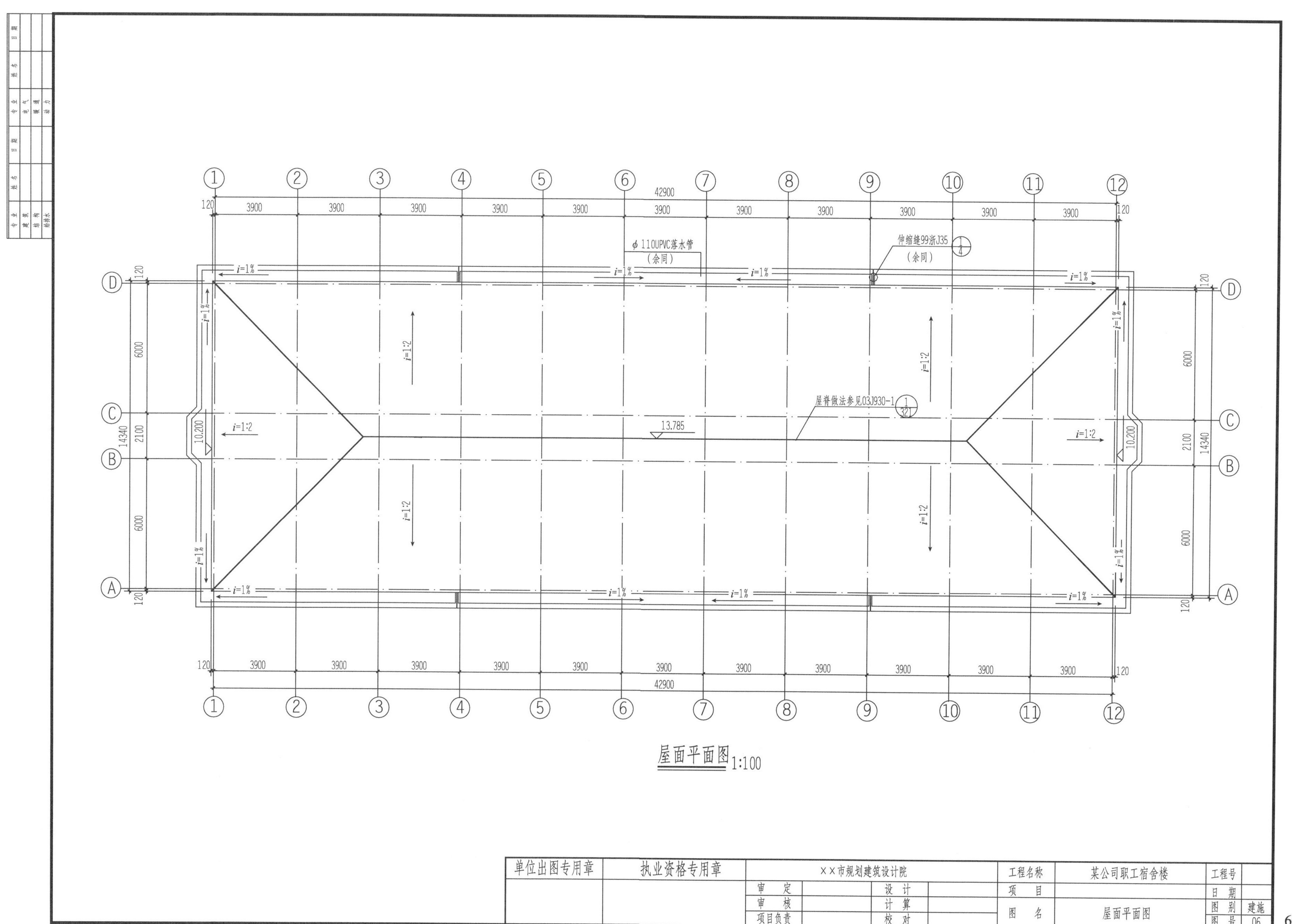

42900
3900
120
φ110UPVC落水管
（余同）
伸缩缝99浙J35
（余同）
i=1%
i=1:2
屋脊做法参见03J930-1
13.785
10.200
6000
2100
14340
屋面平面图1:100
单位出图专用章
执业资格专用章
××市规划建筑设计院
审定
审核
项目负责
设计
计算
校对
工程名称
某公司职工宿舍楼
项目
图名
屋面平面图
工程号
日期
图别
建施
图号
06

13.785
3885
10.200
7.200
4.200
±0.000
-0.150
13935
42900
①~⑫轴立面图 1:100
3585
9.900
8.100
6.600
6.900
5.100
3.600
3.000
2.700
2.400
0.900
⑫~①轴立面图 1:100
单位出图专用章
执业资格专用章
××市规划建筑设计院
审定
审核
项目负责
设计
计算
校对
工程名称
某公司职工宿舍楼
项目
图名
①~⑫轴立面图,⑫~①轴立面图
工程号
日期
图别
建施
图号
07

单位出图专用章	执业资格专用章	××市规划建筑设计院				工程名称	某公司职工宿舍楼	工程号	
		审　定		设　计		项　目		日　期	
		审　核		计　算		图　名	Ⓐ~Ⓓ轴立面图Ⓓ~Ⓐ轴立面图	图　别	建施
		项目负责		校　对				图　号	08

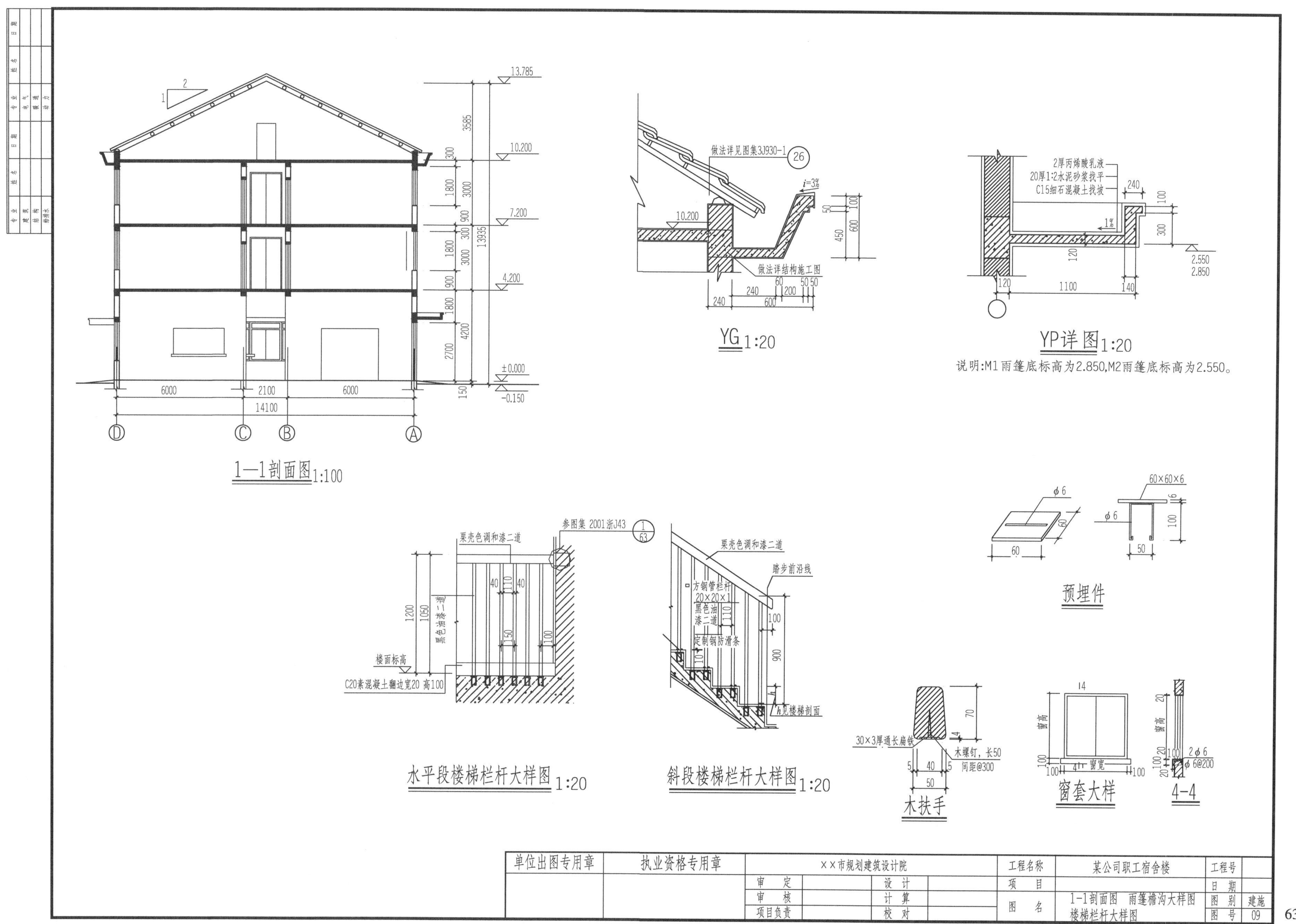

单位出图专用章	执业资格专用章	××市规划建筑设计院				工程名称	某公司职工宿舍楼	工程号	
		审　定		设　计		项　目		日　期	
		审　核		计　算		图　名	1-1剖面图　雨篷檐沟大样图 楼梯栏杆大样图	图　别	建施
		项目负责		校　对				图　号	09

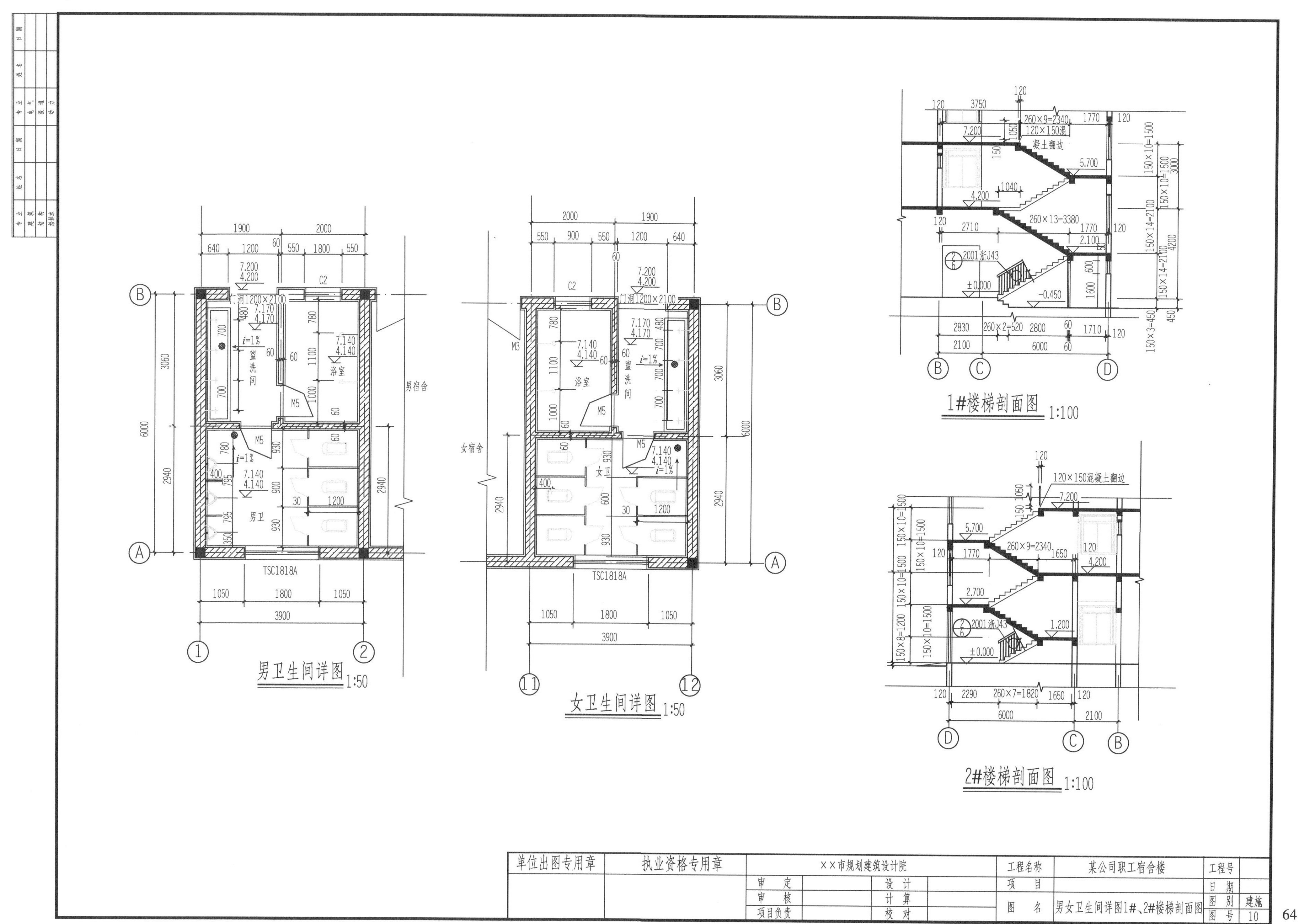

男卫生间详图 1:50
女卫生间详图 1:50
1#楼梯剖面图 1:100
2#楼梯剖面图 1:100
男宿舍
女宿舍
盥洗间
浴室
男卫
女卫
TSC1818A
120×150混凝土翻边
2001浙J43
单位出图专用章
执业资格专用章
××市规划建筑设计院
工程名称
某公司职工宿舍楼
工程号
项目
日期
图名
男女卫生间详图1#、2#楼梯剖面图
图别
建施
图号
10
审定
审核
项目负责
设计
计算
校对

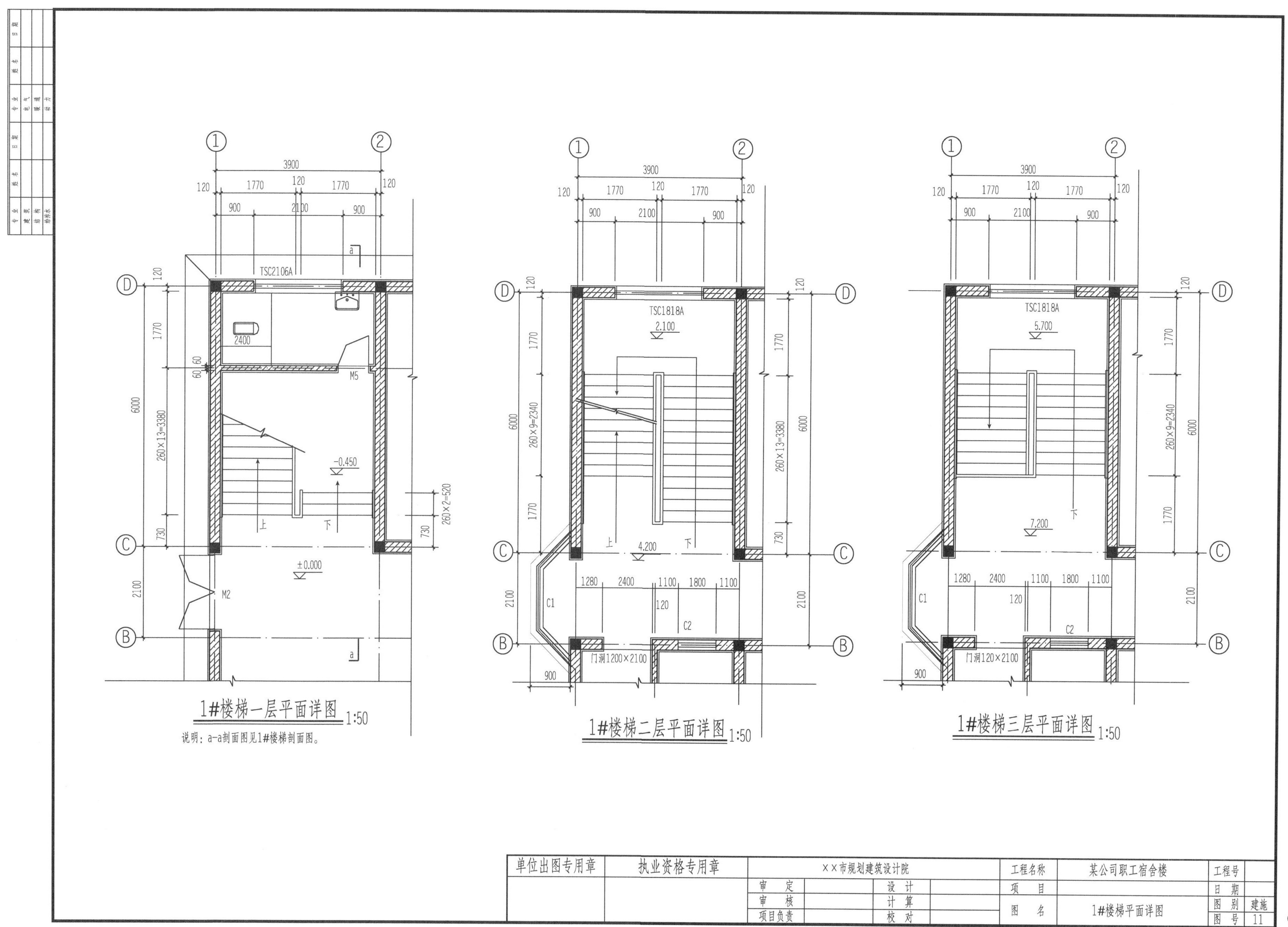

1#楼梯一层平面详图 1:50
说明：a-a剖面图见1#楼梯剖面图。
1#楼梯二层平面详图 1:50
1#楼梯三层平面详图 1:50
3900
120
1770
900
2100
TSC2106A
TSC1818A
2400
M5
M2
-0.450
±0.000
2.100
4.200
5.700
7.200
6000
260×13=3380
260×9=2340
260×2=520
730
2100
1280
1100
1800
C1
C2
门洞1200×2100
门洞120×2100
上
下
单位出图专用章
执业资格专用章
××市规划建筑设计院
审 定
审 核
项目负责
设 计
计 算
校 对
工程名称
某公司职工宿舍楼
项 目
图 名
1#楼梯平面详图
工程号
日 期
图 别
建施
图 号
11
65

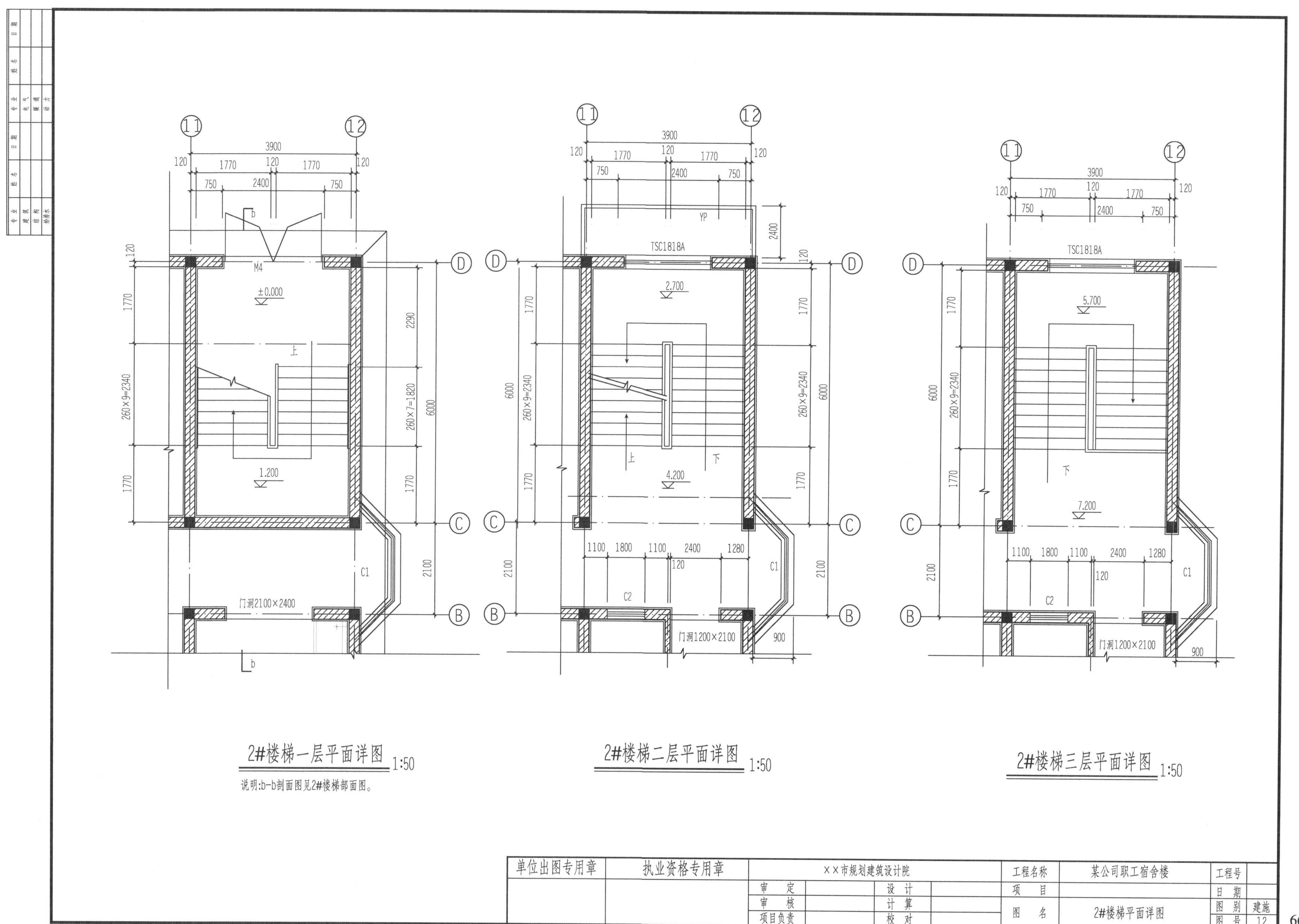

2#楼梯一层平面详图 1:50
说明:b-b剖面图见2#楼梯部面图。
2#楼梯二层平面详图 1:50
2#楼梯三层平面详图 1:50
单位出图专用章
执业资格专用章
××市规划建筑设计院
审定
审核
项目负责
设计
计算
校对
工程名称
某公司职工宿舍楼
项目
图名
2#楼梯平面详图
工程号
日期
图别
建施
图号
12

（二）某公司职工宿舍楼结构施工图

结构施工图图纸目录

<table>
<tr><td>设计单位</td><td>××市规划建筑设计院</td><td colspan="2">项目名称</td><td>某公司职工宿舍楼</td><td>工程号</td><td colspan="2"></td></tr>
<tr><td></td><td></td><td colspan="2"></td><td></td><td>设计阶段</td><td colspan="2">施工图</td></tr>
<tr><td>序号</td><td colspan="3">图纸内容</td><td>图纸编号</td><td>图别</td><td>图幅</td><td>备注</td></tr>
<tr><td>1</td><td colspan="3">结构设计说明</td><td>01</td><td>结施</td><td>A2</td><td></td></tr>
<tr><td>2</td><td colspan="3">基础平面布置图</td><td>02</td><td>结施</td><td>A2</td><td></td></tr>
<tr><td>3</td><td colspan="3">基础顶～标高4.170处柱配筋图</td><td>03</td><td>结施</td><td>A2</td><td></td></tr>
<tr><td>4</td><td colspan="3">标高-0.050处结构平面地梁配筋图</td><td>04</td><td>结施</td><td>A2</td><td></td></tr>
<tr><td>5</td><td colspan="3">标高4.170处结构平面梁配筋图</td><td>05</td><td>结施</td><td>A2</td><td></td></tr>
<tr><td>6</td><td colspan="3">标高7.170处结构平面梁配筋图</td><td>06</td><td>结施</td><td>A2</td><td></td></tr>
<tr><td>7</td><td colspan="3">标高10.170处结构平面梁配筋图</td><td>07</td><td>结施</td><td>A2</td><td></td></tr>
<tr><td>8</td><td colspan="3">标高4.170处结构平面板配筋图</td><td>08</td><td>结施</td><td>A2</td><td></td></tr>
<tr><td>9</td><td colspan="3">标高7.170处结构平面板配筋图</td><td>09</td><td>结施</td><td>A2</td><td></td></tr>
<tr><td>10</td><td colspan="3">标高10.170处结构平面板配筋图</td><td>10</td><td>结施</td><td>A2</td><td></td></tr>
<tr><td>11</td><td colspan="3">坡屋面檩条布置图</td><td>11</td><td>结施</td><td>A2</td><td></td></tr>
<tr><td>12</td><td colspan="3">1#楼梯结构详图</td><td>12</td><td>结施</td><td>A2</td><td></td></tr>
<tr><td>13</td><td colspan="3">2#楼梯结构详图</td><td>13</td><td>结施</td><td>A2</td><td></td></tr>
<tr><td></td><td colspan="3"></td><td></td><td></td><td></td><td></td></tr>
<tr><td></td><td colspan="3"></td><td></td><td></td><td></td><td></td></tr>
<tr><td></td><td colspan="3"></td><td></td><td></td><td></td><td></td></tr>
<tr><td>审核</td><td></td><td>校对</td><td></td><td>编制</td><td></td><td>编制日期</td><td></td></tr>
</table>

单位出图专用章	执业资格专用章	××市规划建筑设计院				工程名称	某公司职工宿舍楼	工程号	
		审定		设计		项目		日期	
		审核		计算		图名	图纸目录	图别	
		项目负责		校对				图号	

结 构 设 计 说 明

一、设计总则

1.本工程依据现行国家标准规范，规程和有关审批文件进行设计。

2.建筑安全等级二级，合理使用年限50年。

3.本工程位于地震动峰值加速度＜0.05g区，按非抗震设计。

4.标高以米计，其余均以毫米计，图中±0.000相当于黄海高程142.00m。

5.施工中应严格遵守国家各项施工及验收规范，本设计未考虑高温及冬雨季施工措施，施工单位应根据有关规范自定。

6.本工程基础采用独立基础。基础设计等级为丙级。

7.使用荷载按现行国家标准规范GB 50009—2001取值。

8.凡预留洞口、预埋件均应严格按照结构图并配合其他工种图进行施工，严禁自行留洞或事后凿洞，给排水及暖通工种的外墙套管和≤200的楼板预留孔详见该工种图纸。

9.若各工种图纸有与本说明予盾处，请及时与设计人员联系。

二、荷载说明及主要设计依据

1.恒荷载取值

钢筋混凝土：25kN/m³；KP型多孔砖（圆孔）砌体：16.7kN/m³(最大值)，14.2kN/m³(最小值)。

2.活荷载取值

办公楼、上人屋面活荷载取2.0kN/m²；不上人屋面活荷载取0.5kN/m²。

3.自然条件

（1）基本风压：0.30kN/m²；（2）基本雪压：0.45kN/m²；

（3）建筑场地类别：Ⅱ类场地；（4）地面粗糙度类别：B类；

（5）环境类别：一类[±0.000以下为二（a）类]。

4.主要设计依据

（1）《建筑结构荷载规范》（GB 50009—2001）；（2）《混凝土结构设计规范》（GB 50010—2002）；

（3）《砌体结构设计规范》（GB 50003—2001）；（4）《建筑地基基础设计规范》（GB 50007—2002）；

（5）甲方提供的《岩石工程勘察报告》。

三、材料

1.钢材

（1）钢筋：ϕ为HPB235钢筋，ϕ为HRB335钢筋；

（2）所有外露铁件均锈涂红丹二度。（面漆详建施）

2.焊条

E43型：用于HPB235钢筋与HPB235钢筋焊接；

E50型：用于HRB335钢筋与HRB335钢筋焊接。

3.混凝土

基础混凝土：基础及地梁采用C25;主体混凝土强度等级：梁板柱均采用C25。

4.墙体

基础采用Mu10实心黏土砖，M10水泥砂浆，1:3水泥砂浆双侧粉刷；

主体采用Mu10KP1型烧

结多孔砖，M5混合砂浆。

四、结构构造与施工要求

1.钢筋混凝土保护层

（1）室内正常环境下，受力钢筋保护层厚度：梁为25mm、柱为30mm；

室内地面以下，受力钢筋保护层厚度：梁、柱为35mm、基础为40mm。

（2）板和墙分布筋保护层厚度不少于10mm，梁与柱箍筋保护层厚度不少于15mm。

2.梁柱结构

（1）悬臂板须待混凝土强度达到100%后，方可拆除模板。

（2）构造柱与顶层梁交接处钢筋伸入梁内40d锚固。

（3）箍筋应封闭，末端做成不小于90°弯钩，弯钩端头平直段不小于5d，50mm;

抗扭箍筋弯钩135°，端头平直段不小于10d，75mm。

（4）梁跨度≥5.0m时，模板应按跨度的3‰起拱，悬臂构件均应按悬挑长度的5‰。起拱。

（5）板短边长度L≥4000，板中间起拱L/400。

（6）除以上说明外，其余构造见构造详图。

3.钢筋接头连接

（1）纵向受力钢筋最小锚固长度l_a如表一所示。

（2）钢筋搭接优先考虑焊接，焊接长度10d（单面焊）；搭接长度l_l详见图集03G101-1第14页，柱中钢筋宜对焊。

（3）电焊连接施工前应做强度检验，扣作人员须持上岗证。

4.砌体

（1）所有门窗顶除有梁外，均设C20混凝土过梁。

洞口宽度≤1200时，H=120，纵筋为3ϕ 8，箍筋ϕ4@200；1200＜洞口宽度≤1800时，H=180，纵筋为上2ϕ12，下2ϕ12，箍筋ϕ6@200；

1800＜洞口宽度≤2400时，H=240，纵筋为上2ϕ14，下2ϕ14；箍筋ϕ6@200；2400＜洞口宽度≤3000时，H=300，纵筋为2ϕ16，下2ϕ16；

3000＜洞口宽度≤3600时，H=300，纵筋上2ϕ16，下3ϕ16。

过梁长度均为洞口宽度加500。若洞口在柱边，柱内应预留过梁主筋。

（2）砌体施工质量等级为B级。

五、其他

1.水电暖≤200穿梁洞口，详节点详图。

2.地梁转角钢筋连接构造见详图。

3.基础回填土分层夯实，分层厚度为400，压实系统≥95%。

4.梁钢筋锚固构造均严格按本图节点详图部分进行施工。

5.本图采用03G101-1平面整体表示方法制图，构造做法参照非抗震部分图集。

6.梁：主梁不宜留设施工缝；次梁的施工工缝可设在梁跨度三分之一处。

7.柱施工缝应留设在梁底和楼层现浇板顶面。

8.本图未尽事宜处，请按有关规范规程进行施工。

9.本说明未及之处如梁柱箍筋加密区长度等参照《混凝土结构施工图平面整体表示方法制图规则和构造详图》（03G101-1）四级抗震要求执行。

10.本工程采用中国建筑科学研究院的PKPM结构系列软件进行结构计算。

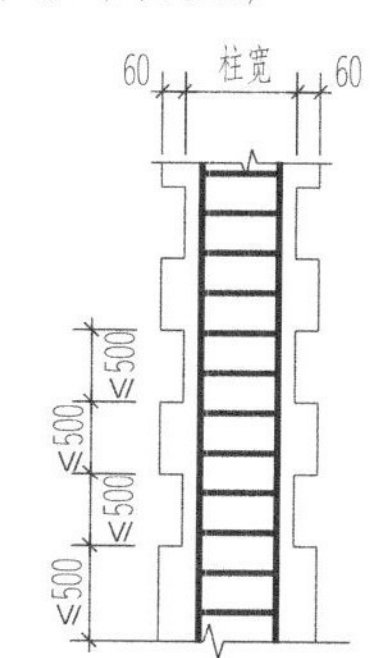

构造柱马牙槎构造

≥500
50
50
2ϕ6@490
混凝土柱

砖墙与混凝土柱连接构造

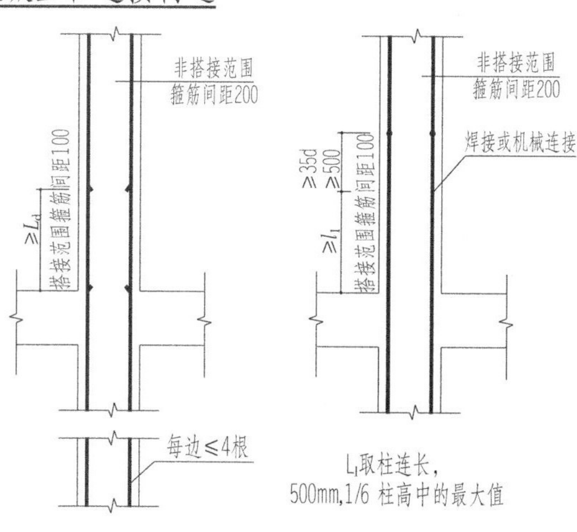

柱纵向钢筋搭接或连接

表一

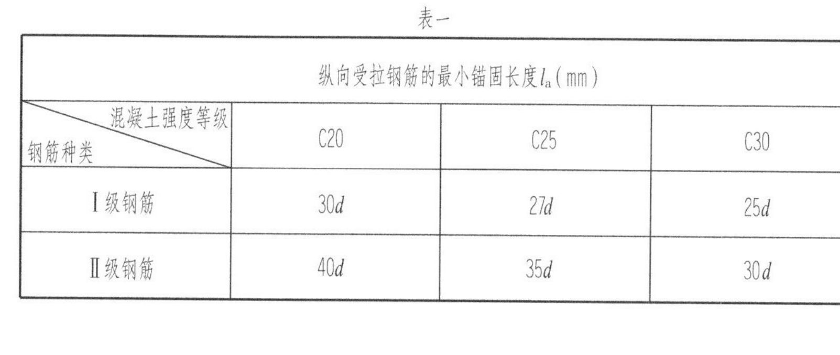

纵向受拉钢筋的最小锚固长度l_a（mm）			
混凝土强度等级 / 钢筋种类	C20	C25	C30
Ⅰ级钢筋	30d	27d	25d
Ⅱ级钢筋	40d	35d	30d

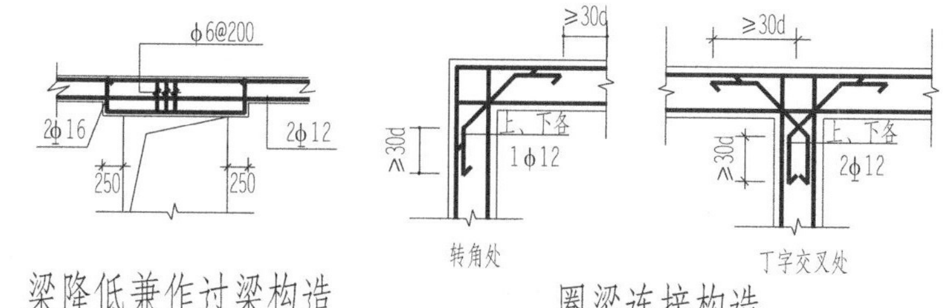

梁降低兼作过梁构造

圈梁连接构造

单位出图专用章	执业资格专用章	××市规划建筑设计院				工程名称	某公司职工宿舍楼	工程号	
		审　定		设　计		项　目		日　期	
		审　核		计　算		图　名	结构设计说明	图　别	结施
		项目负责		校　对				图　号	01

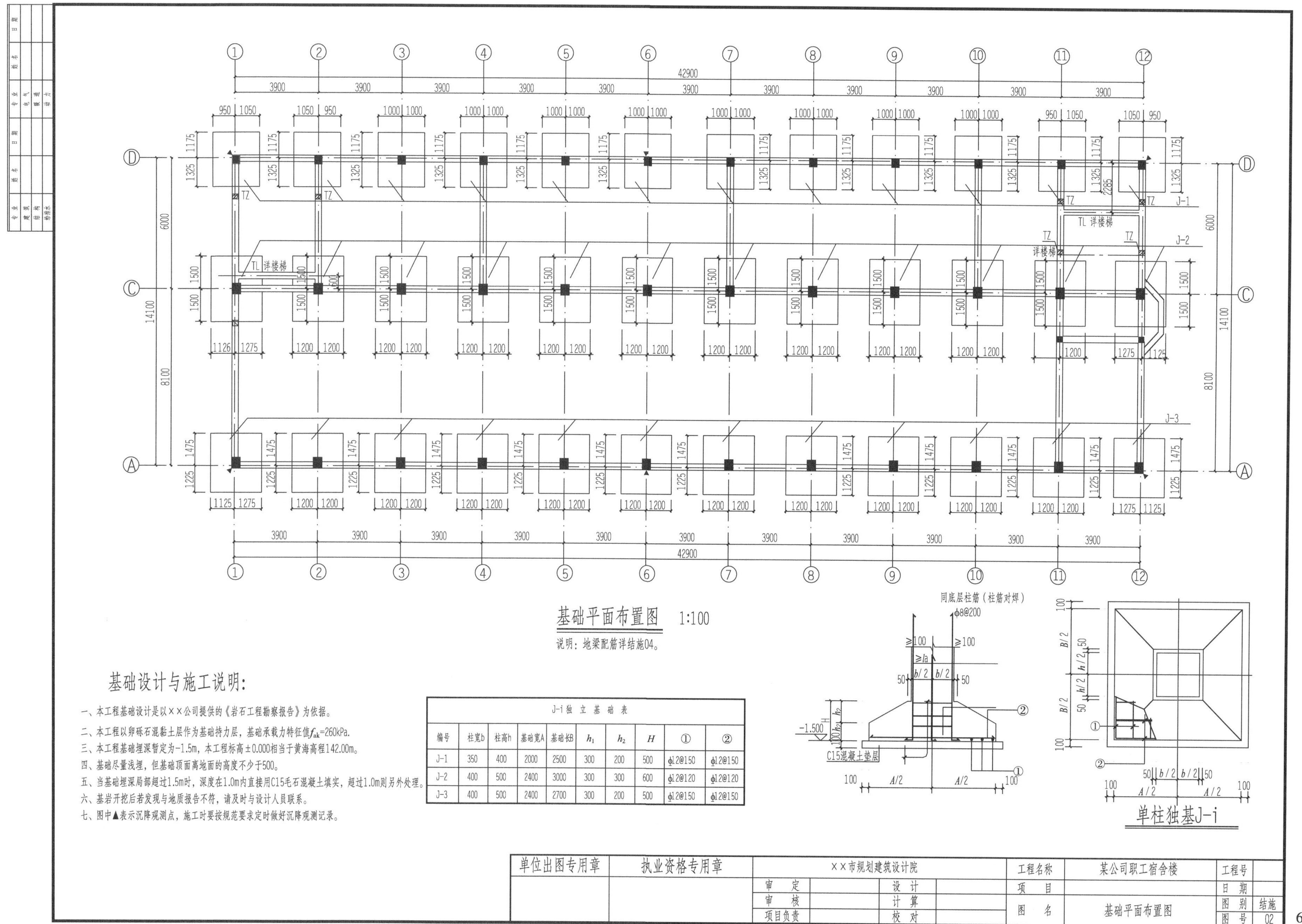

基础设计与施工说明:

一、本工程基础设计是以××公司提供的《岩石工程勘察报告》为依据。

二、本工程以卵砾石混黏土层作为基础持力层，基础承载力特征值f_{ak}=260kPa.

三、本工程基础埋深暂定为-1.5m，本工程标高±0.000相当于黄海高程142.00m。

四、基础尽量浅埋，但基础顶面离地面的高度不少于500。

五、当基础埋深局部超过1.5m时，深度在1.0m内直接用C15毛石混凝土填实，超过1.0m则另外处理。

六、基岩开挖后若发现与地质报告不符，请及时与设计人员联系。

七、图中▲表示沉降观测点，施工时要按规范要求定时做好沉降观测记录。

J-i独立基础表

编号	柱宽b	柱高h	基础宽A	基础长B	h_1	h_2	H	①	②
J-1	350	400	2000	2500	300	200	500	ϕ12@150	ϕ12@150
J-2	400	500	2400	3000	300	300	600	ϕ12@120	ϕ12@120
J-3	400	500	2400	2700	300	200	500	ϕ12@150	ϕ12@150

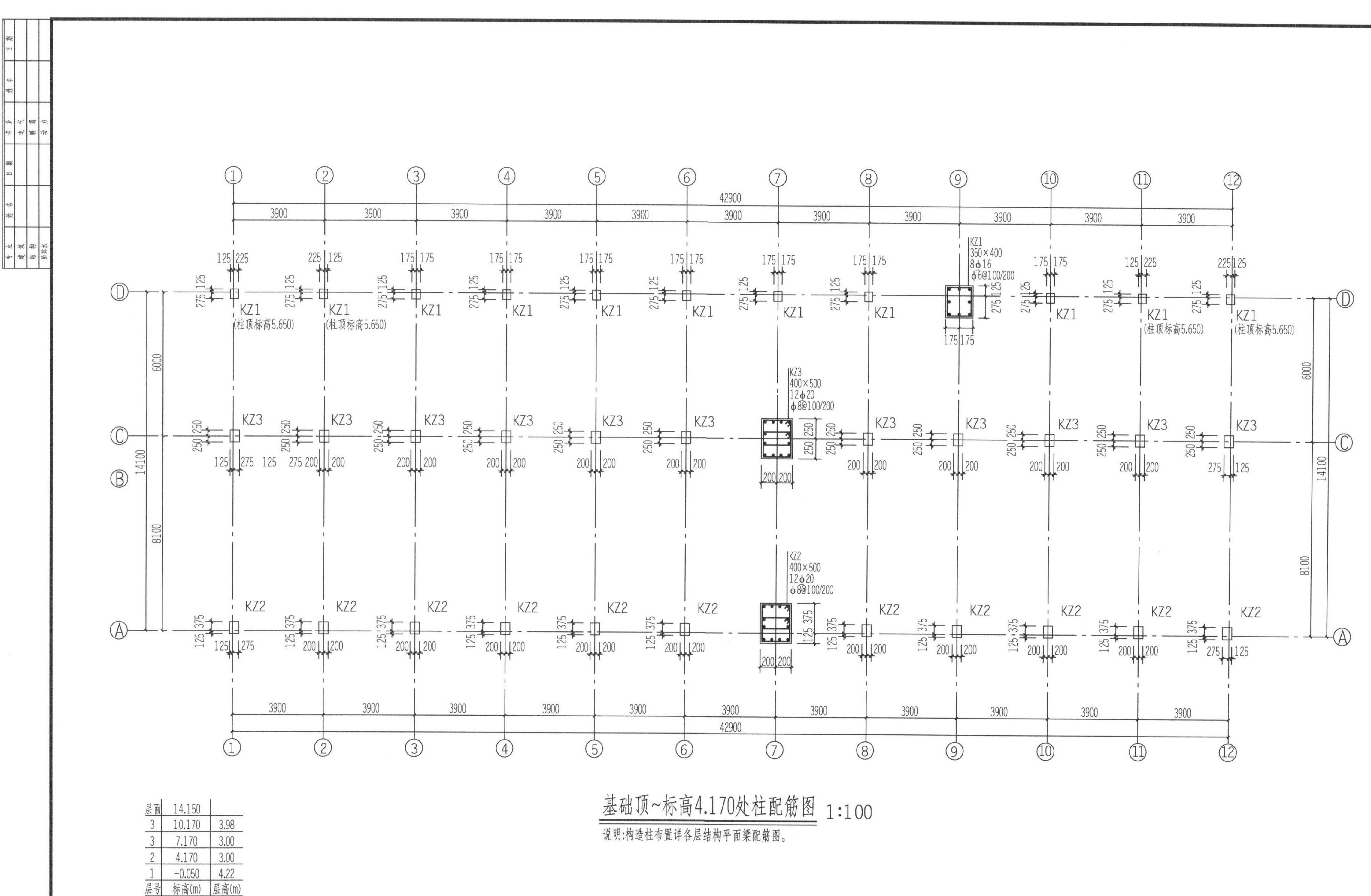

基础顶~标高4.170处柱配筋图 1:100

说明：构造柱布置详各层结构平面梁配筋图。

层面	14.150	
3	10.170	3.98
3	7.170	3.00
2	4.170	3.00
1	-0.050	4.22
层号	标高(m)	层高(m)

结构层楼面标高
结构层高

单位出图专用章	执业资格专用章	XX市规划建筑设计院				工程名称	某公司职工宿舍楼	工程号	
		审定		设计		项目		日期	
		审核		计算		图名	基础顶~标高4.170处柱配筋图	图别	结施
		项目负责		校对				图号	03

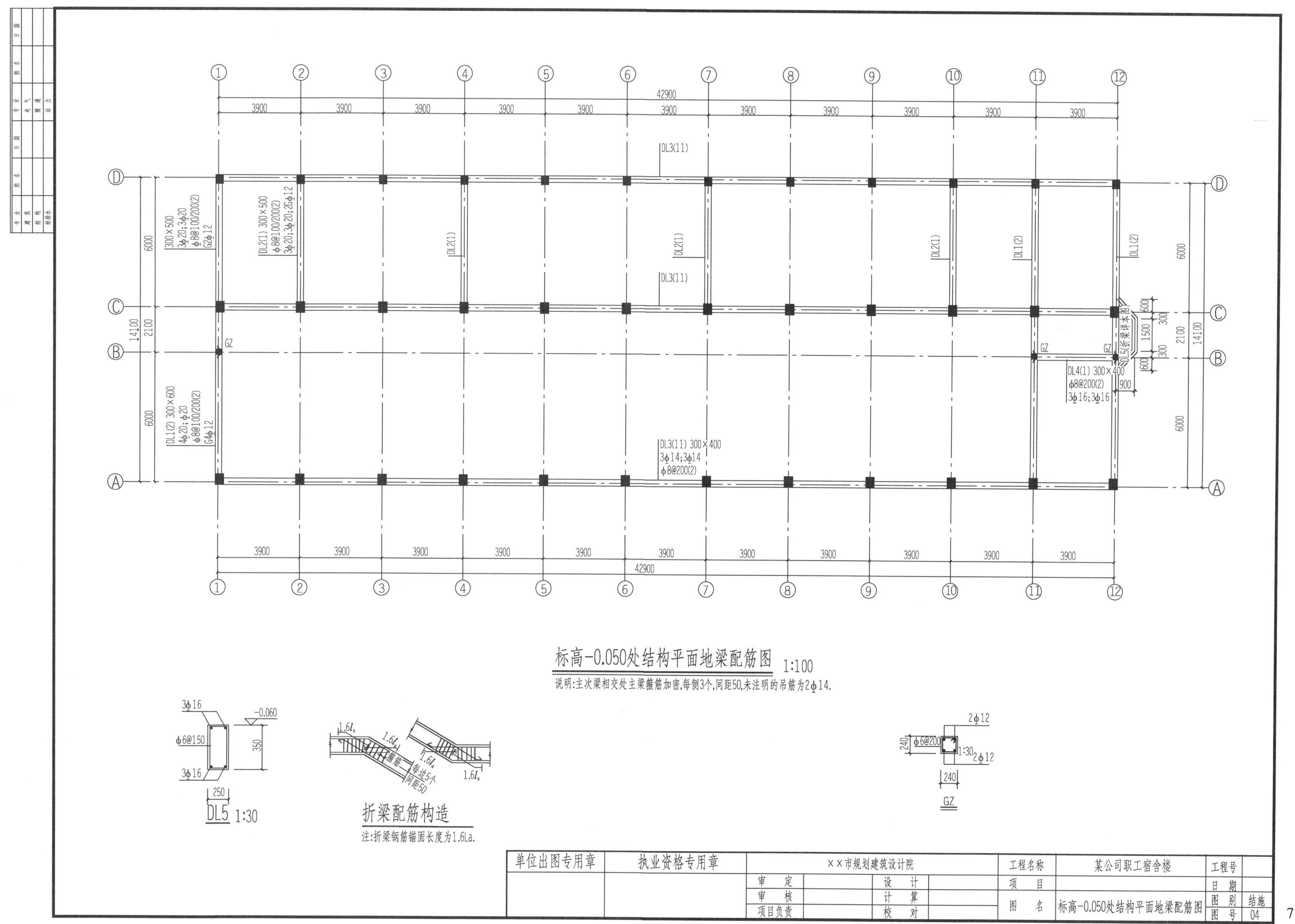

标高-0.050处结构平面地梁配筋图 1:100
说明:主次梁相交处主梁箍筋加密,每侧3个,间距50,未注明的吊筋为2φ14.
DL5 1:30
折梁配筋构造
注:折梁钢筋锚固长度为1.6La.
GZ
单位出图专用章
执业资格专用章
××市规划建筑设计院
工程名称
某公司职工宿舍楼
图 名
标高-0.050处结构平面地梁配筋图
图别 结施
图号 04

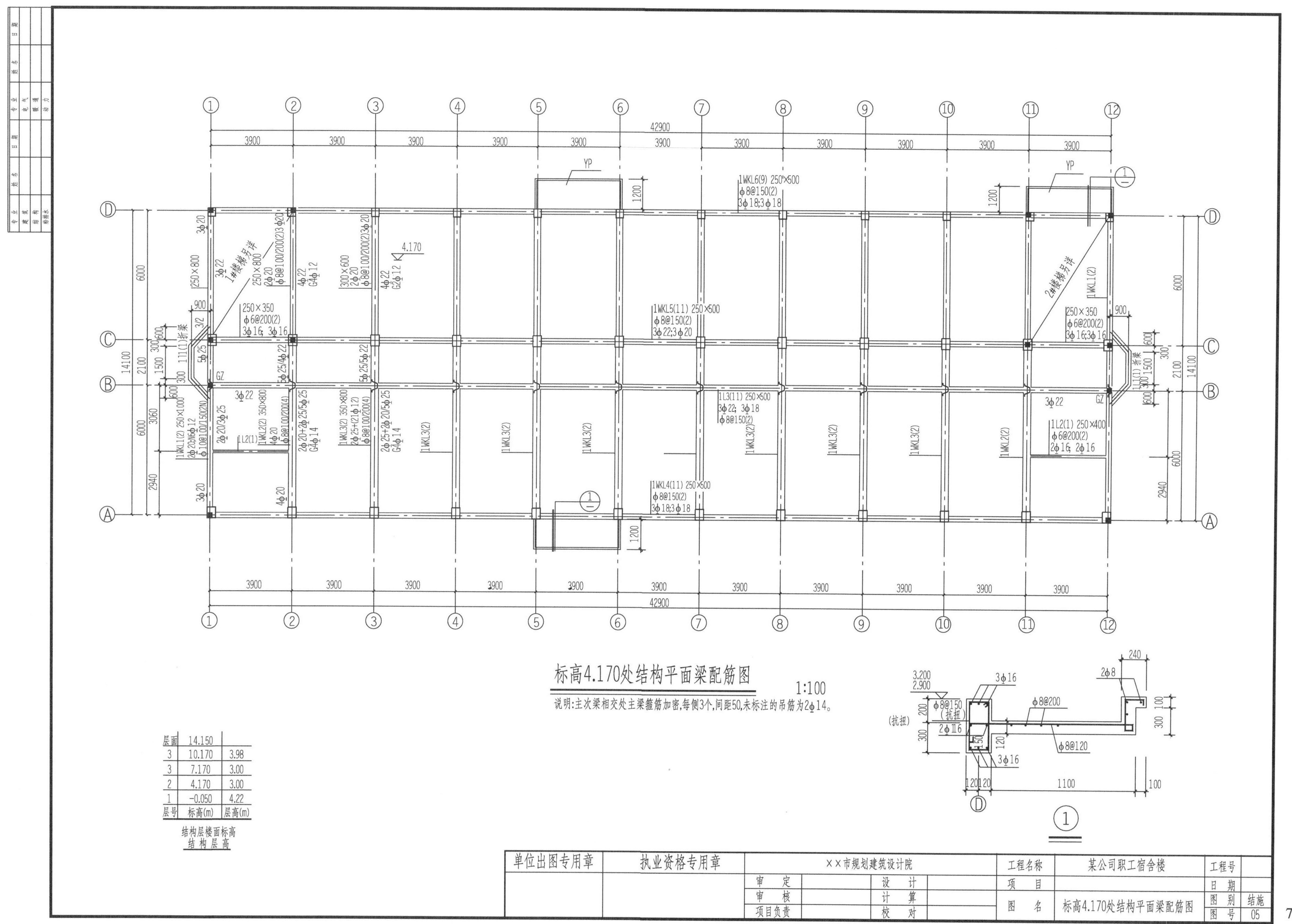

层面	14.150	
3	10.170	3.98
3	7.170	3.00
2	4.170	3.00
1	-0.050	4.22
层号	标高(m)	层高(m)

结构层楼面标高
结构层高

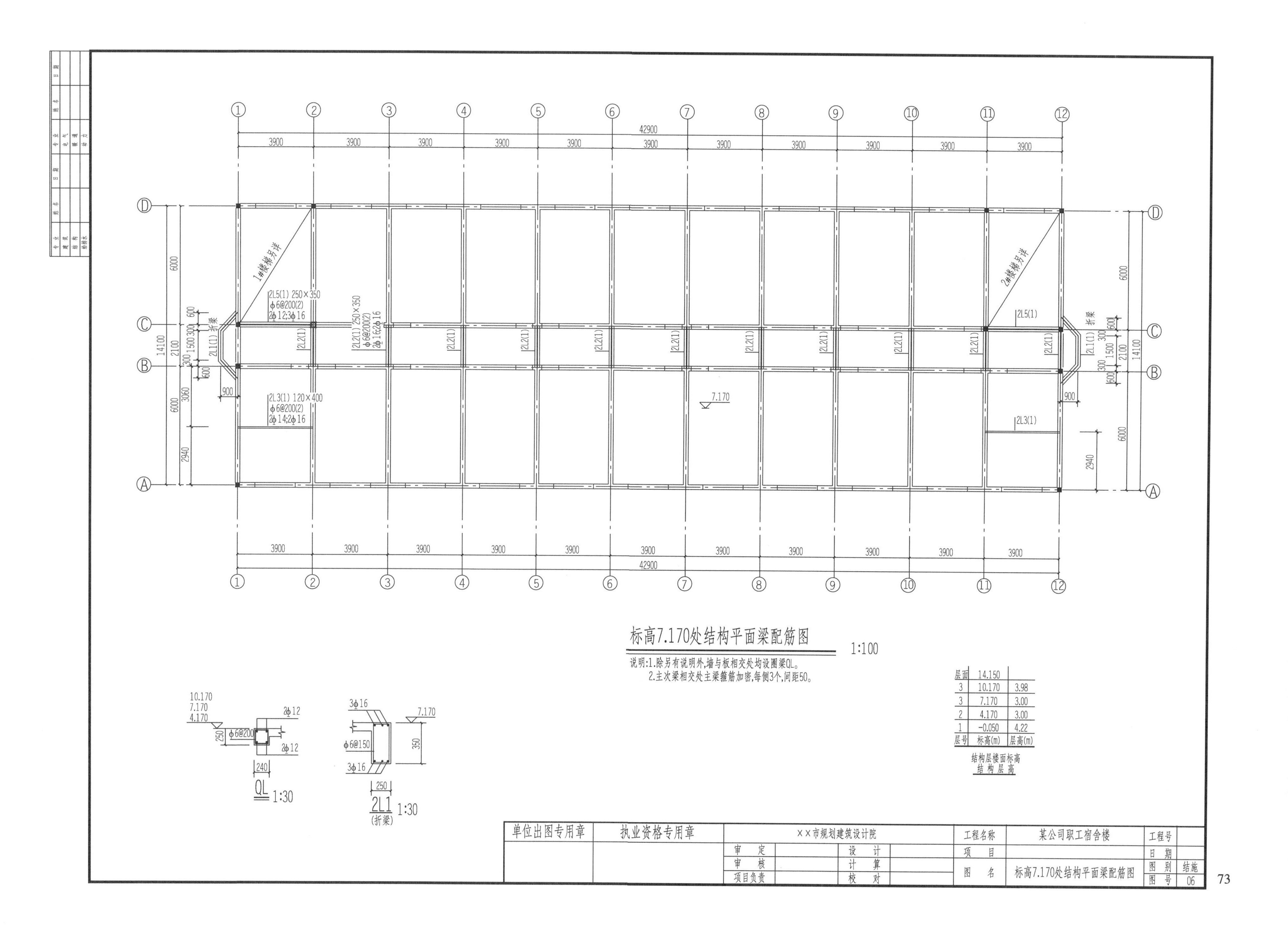

层号	标高(m)	层高(m)
层面	14.150	
3	10.170	3.98
3	7.170	3.00
2	4.170	3.00
1	-0.050	4.22

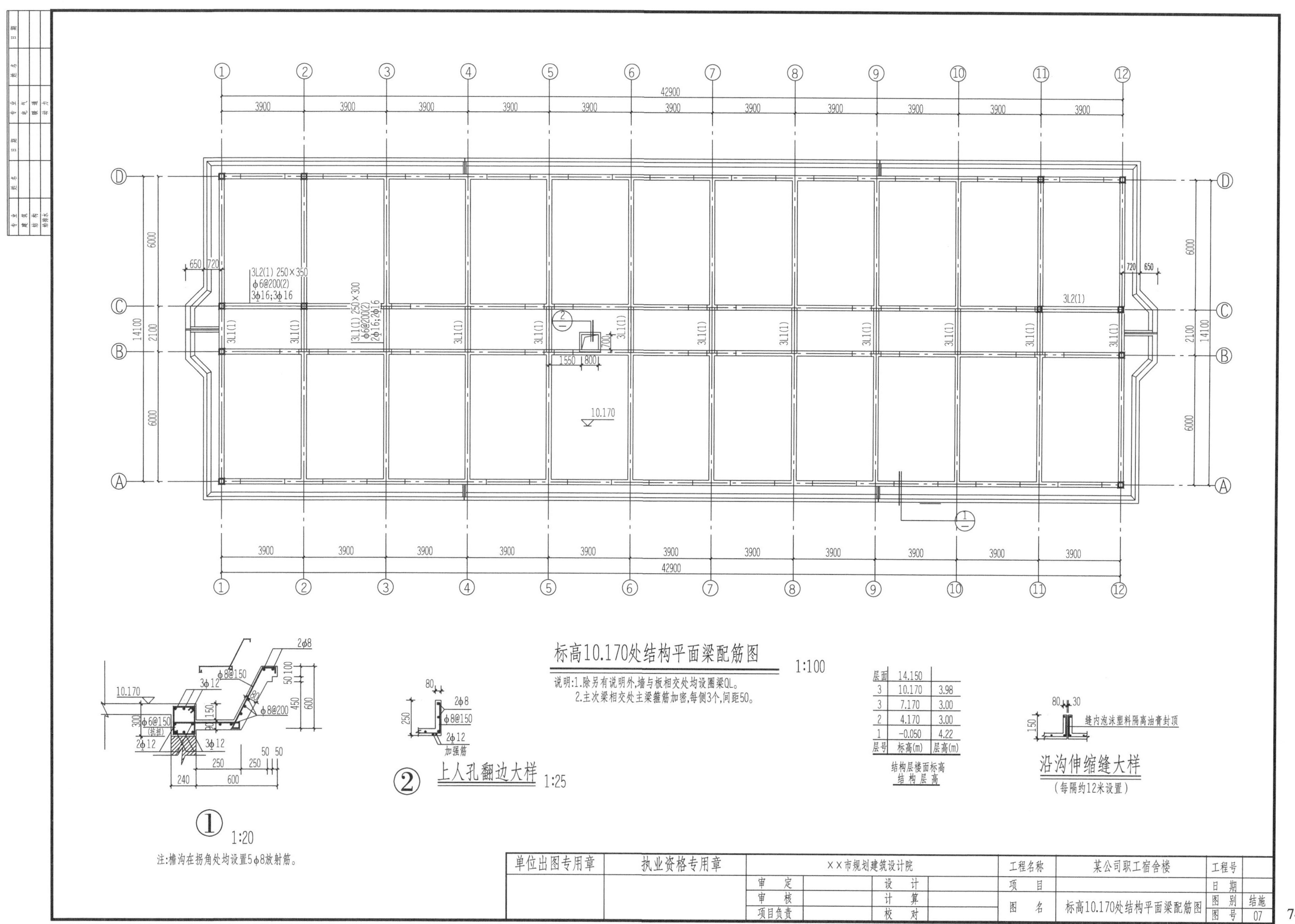

层号	标高(m)	层高(m)
屋面	14.150	
3	10.170	3.98
3	7.170	3.00
2	4.170	3.00
1	-0.050	4.22

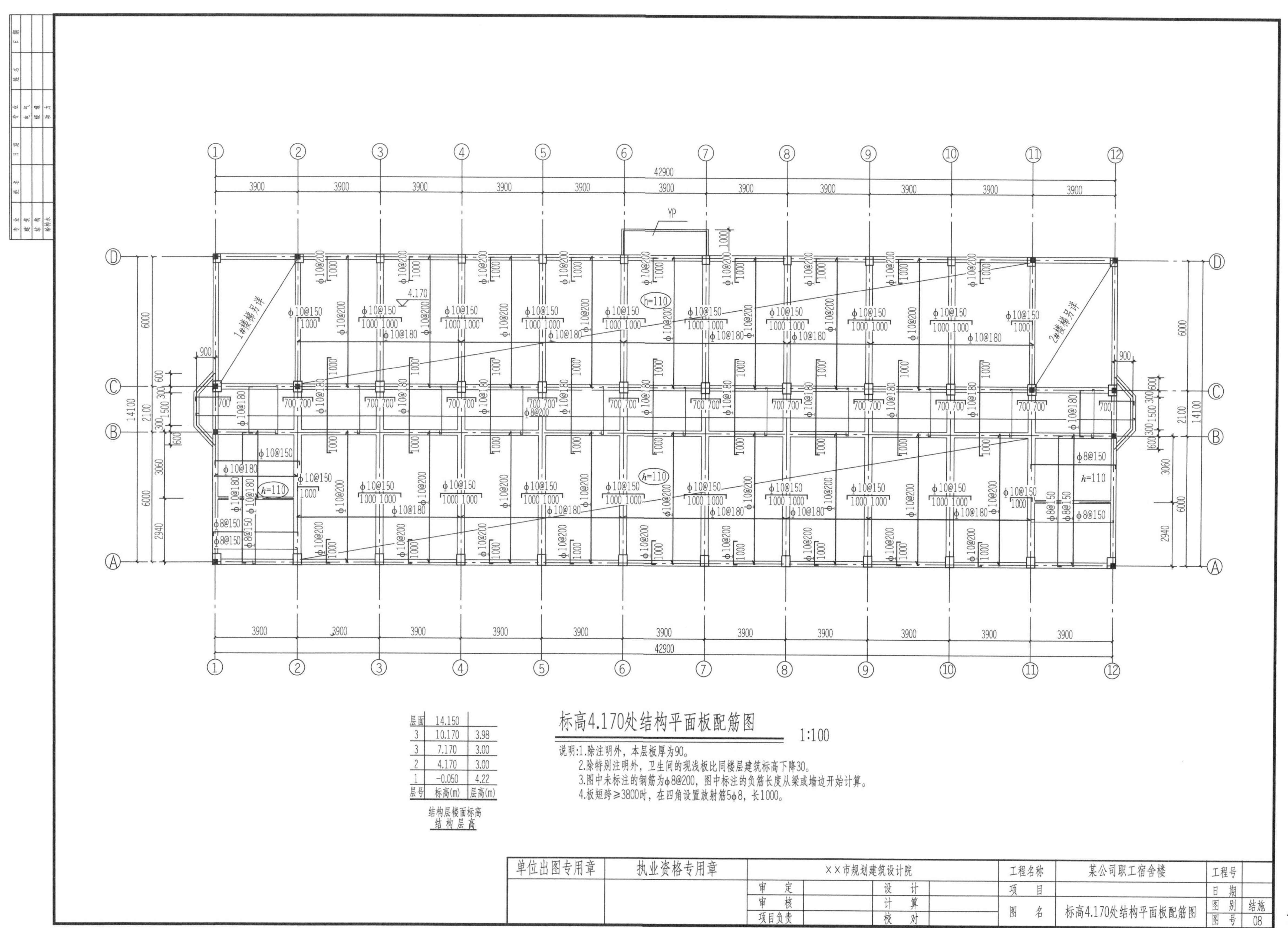

标高4.170处结构平面板配筋图
1:100
说明:1.除注明外，本层板厚为90。
2.除特别注明外，卫生间的现浇板比同楼层建筑标高下降30。
3.图中未标注的钢筋为φ8@200，图中标注的负筋长度从梁或墙边开始计算。
4.板短跨≥3800时，在四角设置放射筋5φ8，长1000。
层面 14.150
3 10.170 3.98
3 7.170 3.00
2 4.170 3.00
1 -0.050 4.22
层号 标高(m) 层高(m)
结构层楼面标高
结构层高
1#楼梯另详
2#楼梯另详
YP
h=110
42900
3900
14100
单位出图专用章
执业资格专用章
××市规划建筑设计院
审定
审核
项目负责
设计
计算
校对
工程名称
某公司职工宿舍楼
项目
图名
标高4.170处结构平面板配筋图
工程号
日期
图别 结施
图号 08

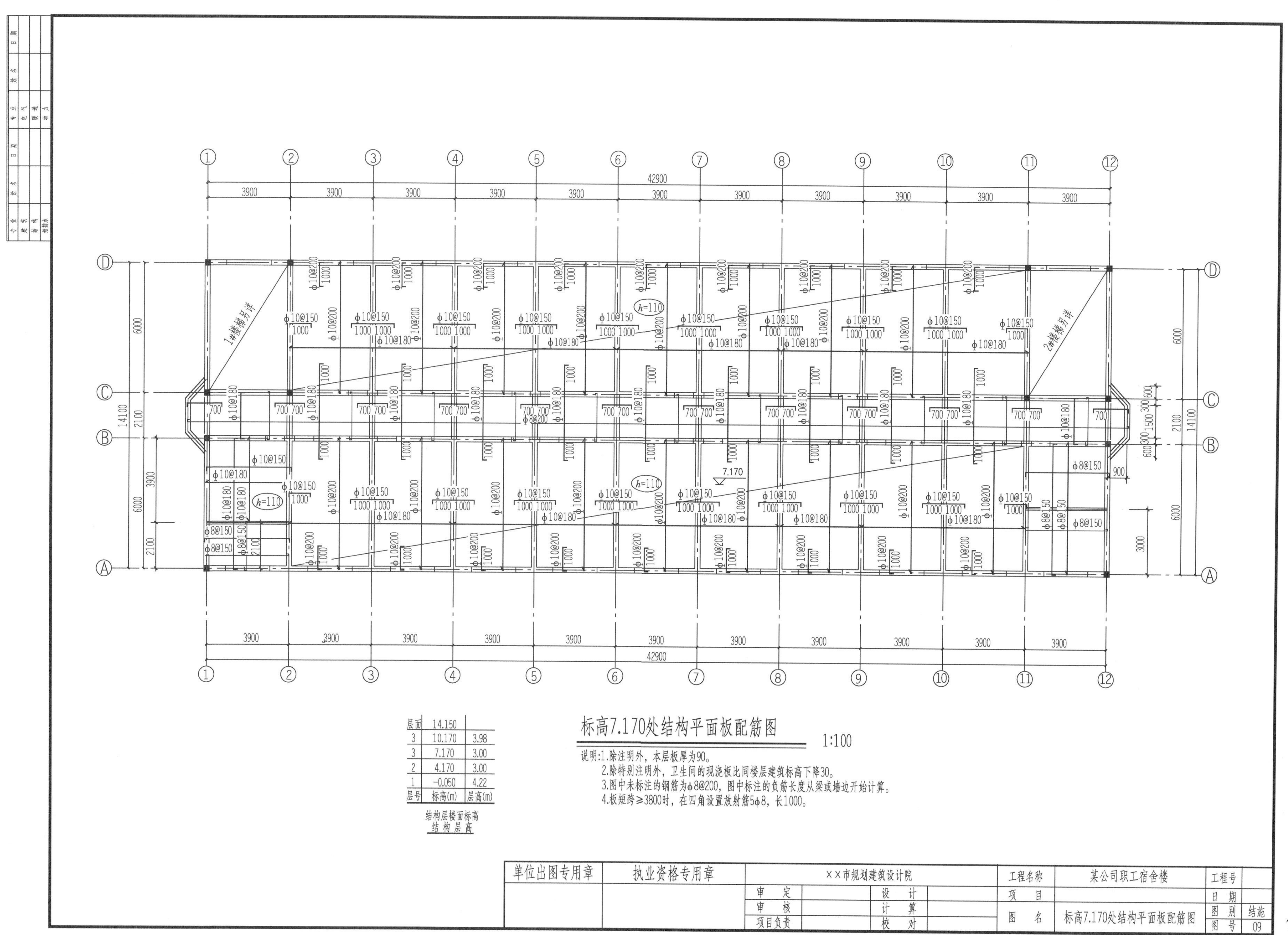

标高7.170处结构平面板配筋图
1:100
说明:1.除注明外，本层板厚为90。
2.除特别注明外，卫生间的现浇板比同楼层建筑标高下降30。
3.图中未标注的钢筋为ϕ8@200，图中标注的负筋长度从梁或墙边开始计算。
4.板短跨≥3800时，在四角设置放射筋5ϕ8，长1000。
屋面 14.150
3 10.170 3.98
3 7.170 3.00
2 4.170 3.00
1 -0.050 4.22
层号 标高(m) 层高(m)
结构层楼面标高
结构层高
1#楼梯另详
2#楼梯另详
h=110
7.170
42900
3900
14100
6000
2100
单位出图专用章
执业资格专用章
××市规划建筑设计院
审定
审核
项目负责
设计
计算
校对
工程名称
某公司职工宿舍楼
项目
图名
标高7.170处结构平面板配筋图
工程号
日期
图别
结施
图号
09

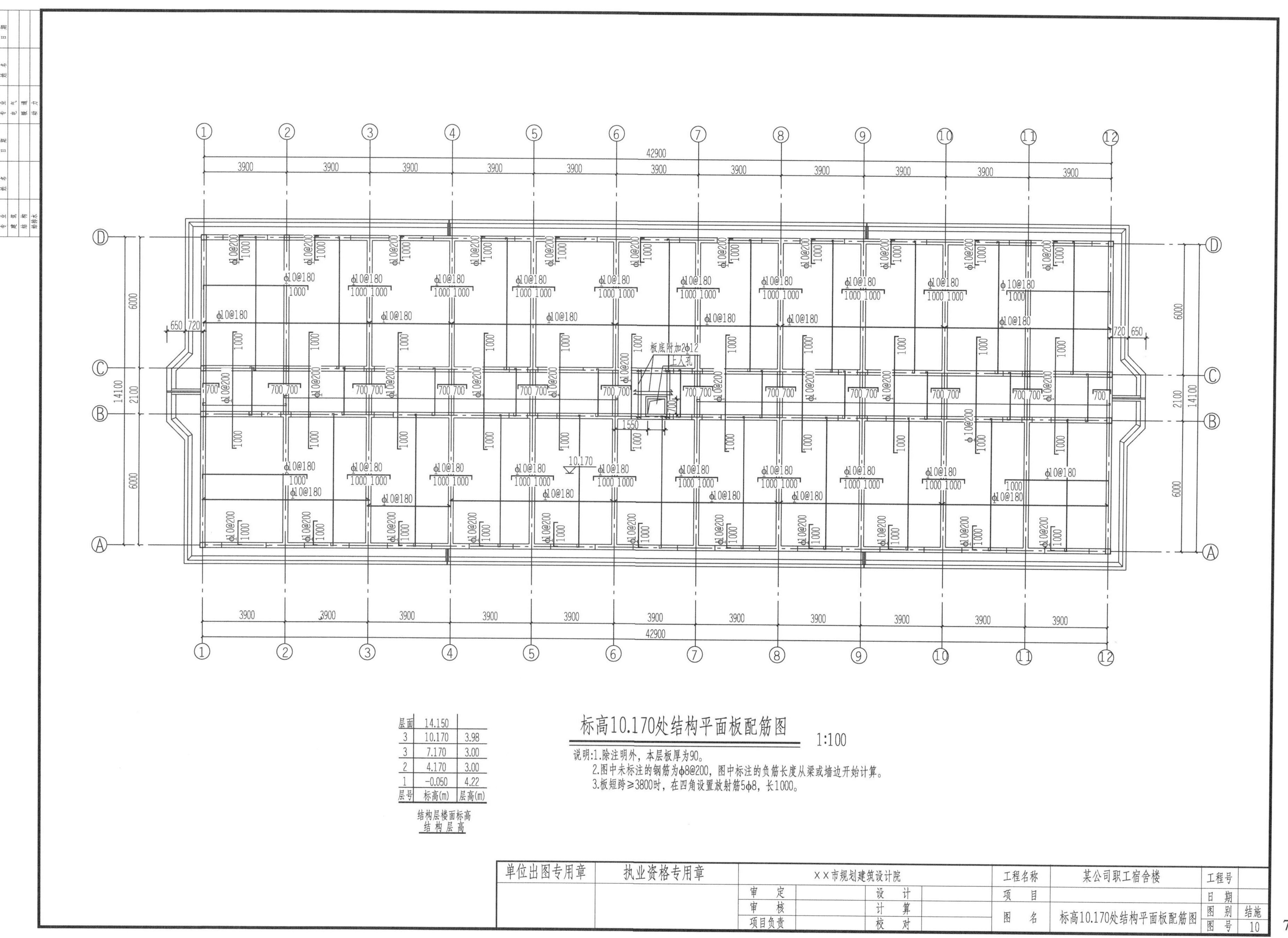

层面	14.150	
3	10.170	3.98
3	7.170	3.00
2	4.170	3.00
1	-0.050	4.22
层号	标高(m)	层高(m)

结构层楼面标高
结构层高

标高10.170处结构平面板配筋图 1:100

说明:1.除注明外，本层板厚为90。
2.图中未标注的钢筋为ϕ8@200，图中标注的负筋长度从梁或墙边开始计算。
3.板短跨≥3800时，在四角设置放射筋5ϕ8，长1000。

单位出图专用章	执业资格专用章	××市规划建筑设计院		工程名称	某公司职工宿舍楼	工程号	
		审定	设计	项目		日期	
		审核	计算	图名	标高10.170处结构平面板配筋图	图别	结施
		项目负责	校对			图号	10

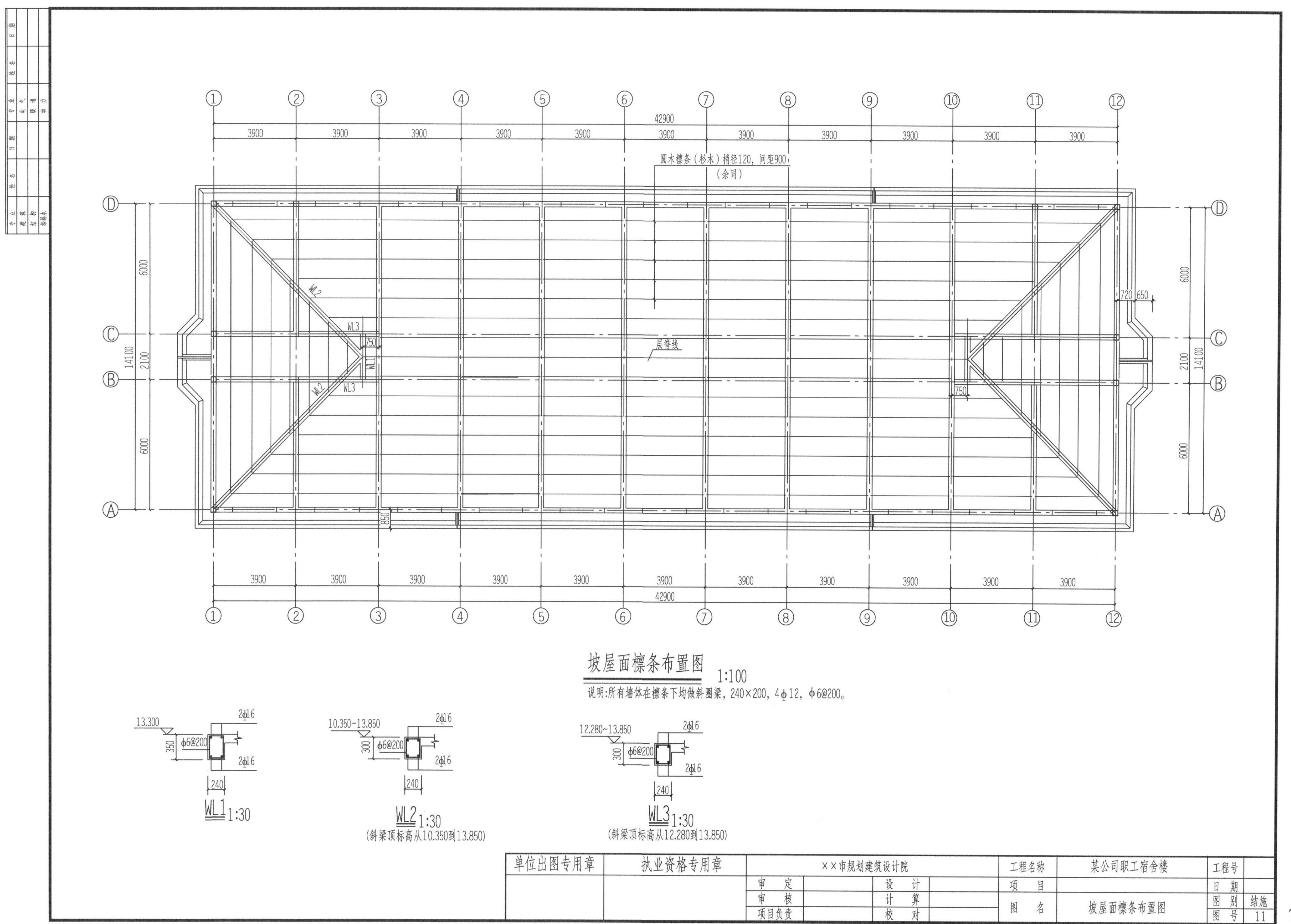

圆木檩条（杉木）梢径120，间距900
（余同）
屋脊线
WL2
WL3
WL1
42900
3900
14100
6000
2100
720
650
750
850
坡屋面檩条布置图 1:100
说明:所有墙体在檩条下均做斜圈梁，240×200，4ϕ12，ϕ6@200。
13.300
2ϕ16
ϕ6@200
350
240
WL1 1:30
10.350~13.850
300
WL2 1:30
(斜梁顶标高从10.350到13.850)
12.280~13.850
WL3 1:30
(斜梁顶标高从12.280到13.850)
单位出图专用章
执业资格专用章
××市规划建筑设计院
审定
审核
项目负责
设计
计算
校对
工程名称
某公司职工宿舍楼
项目
图名
坡屋面檩条布置图
工程号
日期
图别
结施
图号
11

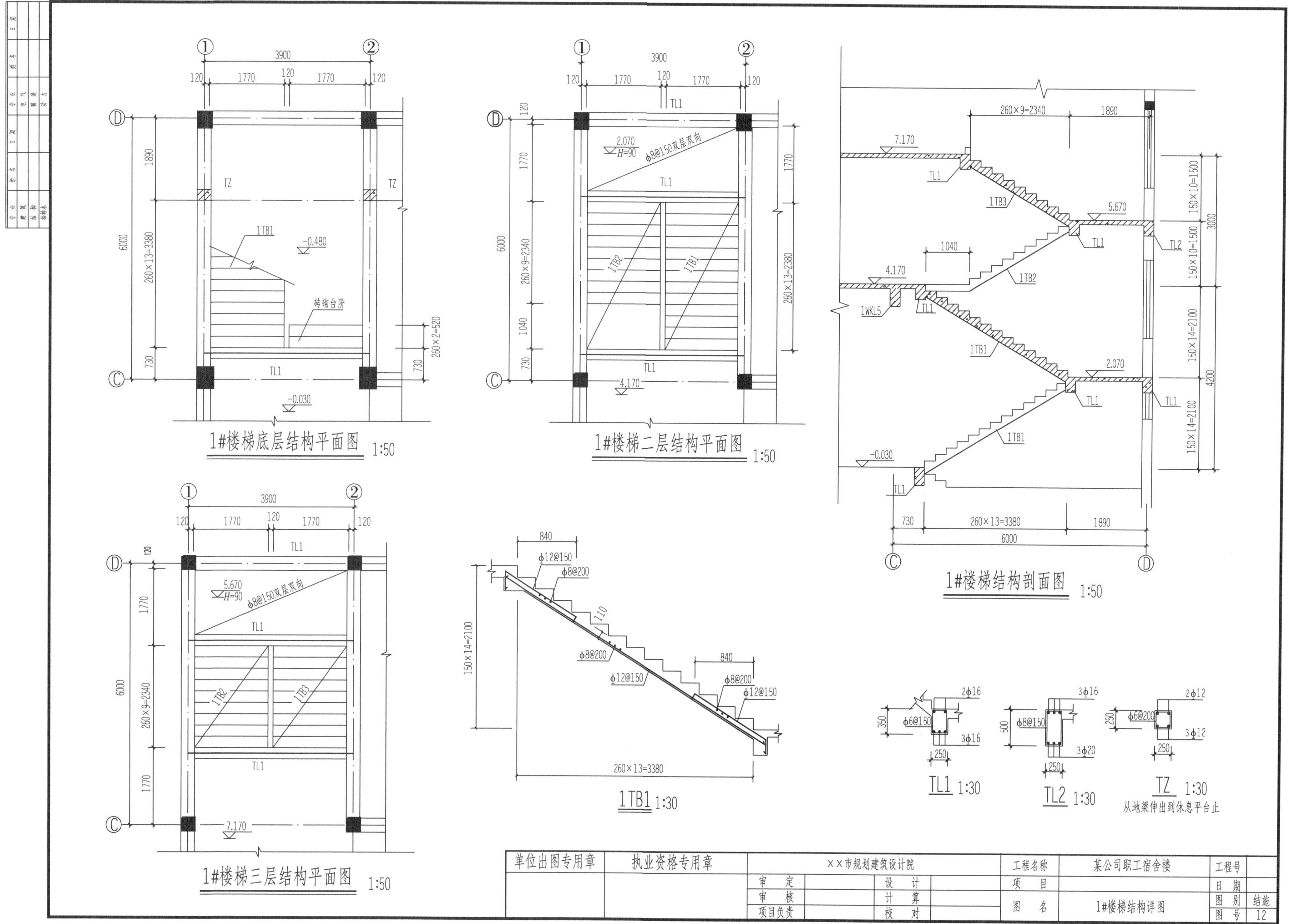

1#楼梯底层结构平面图 1:50
1#楼梯二层结构平面图 1:50
1#楼梯三层结构平面图 1:50
1#楼梯结构剖面图 1:50
1TB1 1:30
TL1 1:30
TL2 1:30
TZ 1:30
从地梁伸出到休息平台止
单位出图专用章
执业资格专用章
××市规划建筑设计院
工程名称
某公司职工宿舍楼
工程号
审定
设计
项目
日期
审核
计算
图名
1#楼梯结构详图
图别
结施
项目负责
校对
图号
12

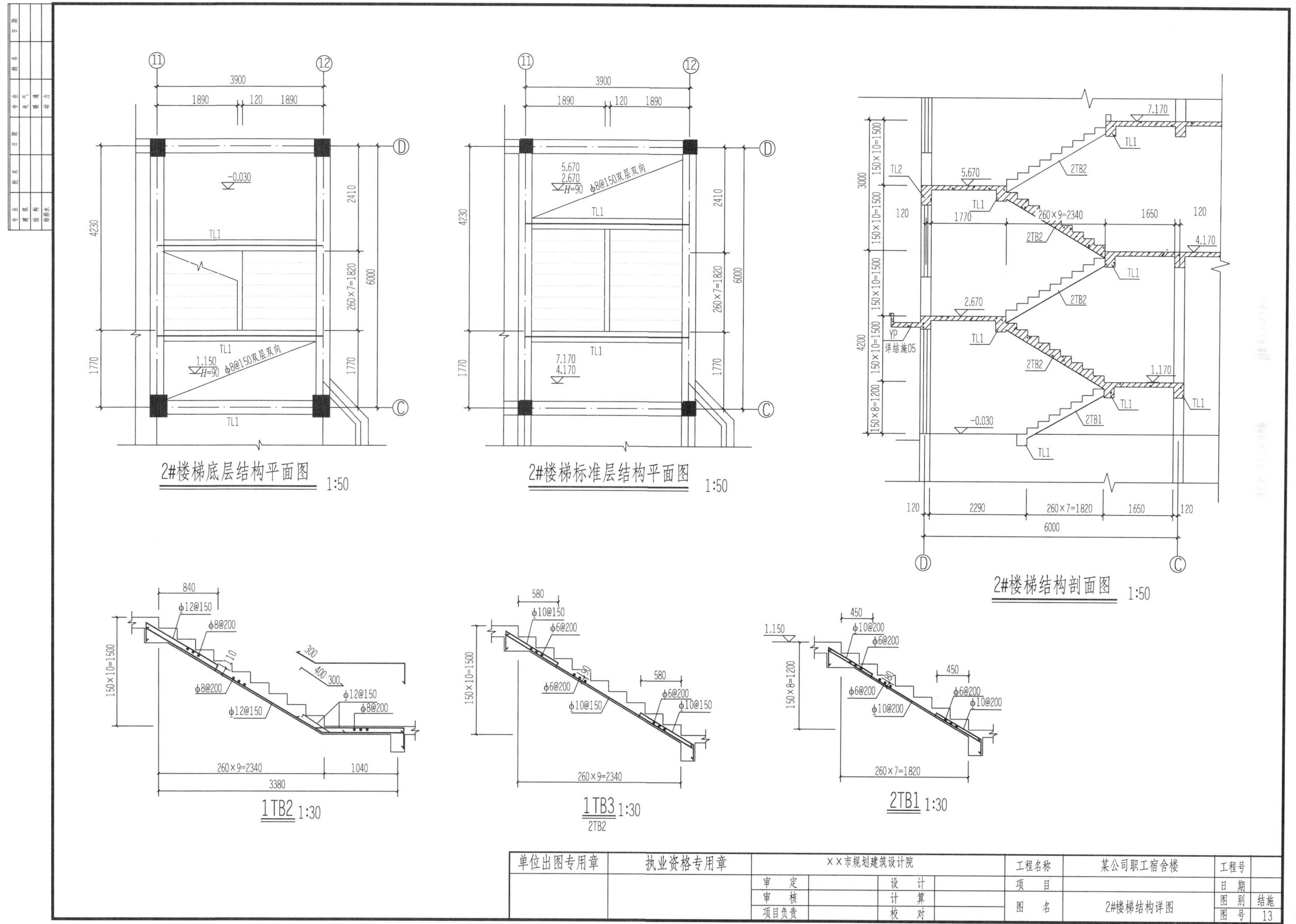

2#楼梯底层结构平面图 1:50
2#楼梯标准层结构平面图 1:50
2#楼梯结构剖面图 1:50
1TB2 1:30
1TB3 1:30
2TB2
2TB1 1:30
单位出图专用章
执业资格专用章
××市规划建筑设计院
审 定
审 核
项目负责
设 计
计 算
校 对
工程名称
某公司职工宿舍楼
项 目
图 名
2#楼梯结构详图
工程号
日 期
图 别
结施
图 号
13